박영훈 선생님의
생각하는
초등연산

◇ 당신은 언제나 옳습니다. 그대의 삶을 응원합니다. − 라의눈출판그룹

박영훈 선생님의
생각하는 초등연산 7권

초판 1쇄 | 2023년 4월 15일

지은이 | 박영훈
펴낸이 | 설응도   편집주간 | 안은주
영업책임 | 민경업   디자인 | 박성진

펴낸곳 | 라의눈

출판등록 | 2014년 1월 13일(제2019−000228호)
주소 | 서울시 강남구 테헤란로78길 14−12(대치동) 동영빌딩 4층
전화 | 02−466−1283   팩스 | 02−466−1301

문의(e−mail)   편집 | editor@eyeofra.co.kr
             영업마케팅 | marketing@eyeofra.co.kr
             경영지원 | management@eyeofra.co.kr

ISBN 979−11−92151−52−6 64410
ISBN 979−11−92151−06−9 64410(세트)

박영훈 선생님의
생각하는
초등연산

★ 박영훈 지음 ★

7 권

3학년 2학기

라의눈

박영훈 선생님의
생각하는
초등연산

머리말

<생각하는 연산>을 지도하는 선생님과 학부모님께

수학의 기초는 '계산'일까요, 아니면 '연산'일까요?
계산과 연산은 어떻게 다를까요?

$54+39=93$

이 덧셈의 답만 구하는 것은 계산입니다. 단순화된 계산절차를 기계적으로 따르면 쉽게 답을 얻습니다.

반면 '연산'은 93이라는 답이 나오는 과정에 주목합니다. 4와 9를 더한 13에서 1과 3을 왜 각각 구별해야 하는지, 왜 올려 쓰고 내려 써야 하는지 이해하는 것입니다. 절차를 무작정 따르지 않고, 그 절차를 스스로 생각하여 만드는 것이 바로 연산입니다.

$$\begin{array}{r} 1 \\ 5\;4 \\ +\;3\;9 \\ \hline 9\;3 \end{array}$$

덧셈의 원리를 이렇게 이해하면 뺄셈과 곱셈으로 그리고 나눗셈까지 차례로 확장할 수 있습니다. 수학 공부의 참모습은 이런 것입니다. 형성된 개념을 토대로 새로운 개념을 하나씩 쌓아가는 것이 수학의 본질이니까요. 당연히 생각할 시간이 필요하고, 그래서 '느린 수학'입니다. 그렇게 얻은 수학의 지식과 개념은 완벽하게 내면화되어 다음 단계로 이어지거나 쉽게 응용할 수 있습니다.

$$\begin{array}{r} 1 \\ 1\;3 \\ \times\;\;\;5 \\ \hline 6\;5 \end{array}$$

그러나 왜 그런지 모른 채 절차 외우기에만 열중했다면, 그 후에도 계속 외워야 하고 응용도 별개로 외워야 합니다. 그러다 지치거나 기억의 한계 때문에 잊어버릴 수밖에 없어 포기하는 상황에 놓이게 되겠죠.

아이가 연산문제에서 자꾸 실수를 하나요? 그래서 각 페이지마다 숫자만 빼곡히 이삼십 개의 계산 문제를 늘어놓은 문제지를 풀게 하고, 심지어 시계까지 동원해 아이들을 압박하는 것은 아닌가요? 그것은 교육(education)이 아닌 훈련(training)입니다. 빨리 정확하게 계산하는 것을 목표로 하는 숨 막히는 훈련의 결과는 다음과 같은 심각한 부작용을 가져옵니다.

첫째, 아이가 스스로 생각할 수 있는 능력을 포기하게 됩니다.

둘째, 의미도 모른 채 제시된 절차를 기계적으로 따르기만 하였기에 수학에서 가장 중요한 연결하는 사고를 할 수 없게 됩니다.

셋째. 결국 다른 사람에게 의존하는 수동적 존재로 전락합니다.

빨리 정확하게 계산하는 것보다 중요한 것은 왜 그런지 원리를 이해하는 것이고, 그것이 바로 연산입니다. 계산기는 있지만 연산기가 없는 이유를 이해하시겠죠. 계산은 기계가 할 수 있지만, 생각하고 이해해야 하는 연산은 사람만 할 수 있습니다. 그래서 연산은 수학입니다. 계산이 아닌 연산 학습은 왜 그런지에 대한 이해가 핵심이므로 굳이 외우지 않아도 헷갈리는 법이 없고 틀릴 수가 없습니다.

수학의 기초는 '계산'이 아니라 '연산'입니다

'연산'이라 쓰고 '계산'만 반복하는 지루하고 재미없는 훈련은 이제 멈추어야 합니다.

태어날 때부터 자적 호기심이 충만한 아이들은 당연히 생각하는 것을 즐거워합니다. 타고난 아이들의 생각이 계속 무럭무럭 자라날 수 있도록 『생각하는 초등연산』은 처음부터 끝까지 세심하게 설계되어 있습니다. 각각의 문제마다 아이가 '생각'할 수 있게끔 자극을 주기 위해 나름의 깊은 의도가 들어 있습니다. 아이 스스로 하나씩 원리를 깨우칠 수 있도록 문제의 구성이 정교하게 이루어졌다는 것입니다. 이를 위해서는 앞의 문제가 그 다음 문제의 단서가 되어야겠기에, 밑바탕에는 자연스럽게 인지학습심리학 이론으로 무장했습니다.

이렇게 구성된 『생각하는 초등연산』의 문제 하나를 풀이하는 것은 등산로에 놓여 있는 계단 하나를 오르는 것에 비유할 수 있습니다. 계단 하나를 오르면 스스로 다음 계단을 오를 수 있고, 그렇게 계단을 하나씩 올라설 때마다 새로운 것이 보이고 더 멀리 보이듯, 마침내는 꼭대기에 올라서면 거대한 연산의 맥락을 이해할 수 있게 됩니다. 높은 산의 정상에 올라 사칙연산의 개념을 한눈에 조망할 수 있게 되는 것이죠. 그렇게 아이 스스로 연산의 원리를 발견하고 규칙을 만들 수 있는 능력을 기르는 것이 『생각하는 초등연산』이 추구하는 교육입니다.

연산의 중요성은 아무리 강조해도 지나치지 않습니다. 연산은 이후에 펼쳐지는 수학의 맥락과 개념을 이해하는 기초이며 동시에 사고가 본질이자 핵심인 수학의 한 분야입니다. 이제 계산은 빠르고 정확해야 한다는 구시대적 고정관념에서 벗어나서, 아이가 혼자 생각하고 스스로 답을 찾아내도록 기다려 주세요. 처음엔 느린 듯하지만, 스스로 찾아낸 해답은 고등학교 수학 학습을 마무리할 때까지 흔들리지 않는 튼튼한 기반이 되어줄 겁니다. 그것이 느린 것처럼 보이지만 오히려 빠른 길임을 우리 어른들은 경험적으로 잘 알고 있습니다.

시험문제 풀이에서 빠른 계산이 필요하다는 주장은 수학에 대한 무지에서 비롯되었으니, 이에 현혹되는 선생님과 학생들이 더 이상 나오지 않았으면 하는 바람을 담아 『생각하는 초등연산』을 세상에 내놓았습니다. 인스턴트가 아닌 유기농 식품과 같다고나 할까요. 아무쪼록 산수가 아닌 수학을 배우고자 하는 아이들에게 『생각하는 초등연산』이 진정한 의미의 연산 학습 도우미가 되기를 바랍니다.

박영훈

박영훈 선생님의
생각하는
초등연산

이 책만의
특징과
구성

이 책만의
특징
01

'계산' 말고 '연산'!

수학을 잘하려면 '계산' 말고 '연산'을 잘해야 합니다. 많은 사람들이 오해하는 것처럼 빨리 정확히 계산하기 위해 연산을 배우는 것이 아닙니다. 연산은 수학의 구조와 원리를 이해하는 시작점입니다. 연산 학습에도 이해력, 문제해결능력, 추론능력이 핵심요소입니다. 계산을 빨리 정확하게 하기 위한 기능의 습득은 수학이 아니고, 연산 그 자체가 수학입니다. 그래서 『생각하는 초등연산』은 '계산'이 아니라 '연산'을 가르칩니다.

이 책만의
특징
02

스스로 원리를 발견하고, 개념을 확장하는 연산

다른 계산학습서와 다르지 않게 보인다고요? 제시된 절차를 외워 생각하지 않고 기계적으로 반복하여 빠른 답을 구하도록 강요하는 계산 학습서와는 비교할 수 없습니다.

이 책으로 공부할 땐 절대로 문제 순서를 바꾸면 안 됩니다. 생각의 흐름에는 순서가 있고, 이 책의 문제 배열은 그 흐름에 맞추었기 때문이죠. 문제마다 깊은 의도가 숨어 있고, 앞의 문제는 다음 문제의 단서이기도 합니다. 순서대로 문제풀이를 하다보면 스스로 원리를 깨우쳐 자연스럽게 이해하고 개념을 확장할 수 있습니다. 인지학습심리학은 그래서 필요합니다. 1번부터 차례로 차근차근 풀게 해주세요.

6

이 책만의 특징 03

게임처럼 재미있는 연산

게임도 결국 문제를 해결하는 것입니다. 시간 가는 줄 모르고 게임에 몰두하는 것은 재미있기 때문이죠. 왜 재미있을까요? 화면에 펼쳐진 게임 장면을 자신이 스스로 해결할 수 있다고 여겨 도전하고 성취감을 맛보기 때문입니다. 타고난 지적 호기심을 충족시킬 만큼 생각하게 만드는 것이죠. 그렇게 아이는 원래 생각할 수 있고 능동적으로 문제 해결을 좋아하는 지적인 존재입니다.

아이들이 연산공부를 하기 싫어하나요? 그것은 아이들 잘못이 아닙니다. 빠른 속도로 정확한 답을 위해 기계적인 반복을 강요하는 계산연습이 지루하고 재미없는 것은 당연합니다. 인지심리학을 토대로 구성한 『생각하는 초등연산』의 문제들은 게임과 같습니다. 한 문제 안에서도 조금씩 다른 변화를 넣어 호기심을 자극하고 생각하도록 하였습니다. 게임처럼 스스로 발견하는 재미를 만끽할 수 있는 연산 교육 프로그램입니다.

이 책만의 특징 04

교사와 학부모를 위한 '교사용 해설'

이 문제를 통해 무엇을 가르치려 할까요? 문제와 문제 사이에는 어떤 연관이 있을까요? 아이는 이 문제를 해결하며 어떤 생각을 할까요? 교사와 학부모는 이 문제에서 어떤 것을 강조하고 아이의 어떤 반응을 기대할까요?

이 모든 질문에 대한 전문가의 답이 각 챕터별로 '교사용 해설'에 들어 있습니다. 또한 각 문제의 하단에 문제의 출제 의도와 교수법을 담았습니다. 수학전공자가 아닌 학부모 혹은 교사가 전문가처럼 아이를 지도할 수 있는 친절하고도 흥미진진한 안내서 역할을 해줄 것입니다.

이 책만의 특징 05

선생님을 가르치는 선생님, 박영훈!

이 책을 집필한 박영훈 선생님은 2만 명의 초등교사를 가르친 '선생님의 선생님'입니다. 180만 부라는 경이로운 판매를 기록한 베스트셀러 『기적의 유아수학』의 저자이기도 합니다. 이 책은, 잘못된 연산 공부가 수학을 재미없는 학문으로 인식하게 하고 마침내 수포자를 만드는 현실에서, 연산의 참모습을 보여주고 진정한 의미의 연산학습 도우미가 되기를 바라는 마음으로, 12년간 현장의 선생님들과 함께 양팔을 걷어붙이고 심혈을 기울여 집필한 책입니다.

박영훈 선생님의 생각하는 초등연산

차 례

1

세 자리 수와 한 자리 수의 **곱셈**

2

한 자리 수의 나눗셈

박영훈 선생님의
생각하는 초등연산

박영훈의 생각하는 연산이란?

✕ 계산 문제집과 『박영훈의 생각하는 연산』의 차이

	기존 계산 문제집	박영훈의 생각하는 연산
수학 vs. 산수	수학이 없다. 계산 기능만 있다.	연산도 수학이다. 생각해야 한다.
교육 vs. 훈련	교육이 없다. 훈련만 있다.	연산은 훈련이 아닌 교육이다.
교육원리 vs, 맹목적 반복	교육원리가 없다. 기계적인 반복 연습만 있다.	교육적 원리에 따라 사고를 자극하는 활동이 제시되어 있다.
사람 vs. 기계	사람이 없다. 싸구려 계산기로 만든다.	우리 아이는 생각할 수 있는 지적인 존재다.
한국인 필자 vs. 일본 계산문제집 모방	필자가 없다. 옛날 일본에서 수입된 학습지 형태 그대로이다.	수학교육 전문가와 초등교사들의 연구모임에서 집필했다.

➕ 계산문제집의 역사 ➗

초등학교에서 계산이 중시되었던 유래는 백여 년 전 일제 강점기로 거슬러 올라갑니다. 당시 일제의 교육목표는, 국민학교(당시 초등학교)를 졸업하자마자 상점이나 공장에서 취업할 수 있도록 간단한 계산능력을 기르는 것이었습니다.

이후 보통교육이 중등학교까지 확대되지만, 경쟁률이 높아지면서 시험을 위한 계산 기능이 강조될 수밖에 없었습니다. 이에 발맞추어 구몬과 같은 일본의 계산 문제집들이 수입되었고, 우리 아이들은 무한히 반복되는 기계적인 계산 훈련을 지금까지 강요당하게 된 것입니다. 빠르고 정확한 '계산'과 '수학'이 무관함에도 어른들의 무지로 인해 21세기인 지금도 계속되는 안타까운 현실이 아닐 수 없습니다.

이제는 이런 악습에서 벗어나 OECD 회원국의 자녀로 태어난 우리 아이들에게 계산 기능의 훈련이 아닌 수학으로서의 연산 교육을 제공해야 하지 않을까요?

덧셈기호와 뺄셈기호의 도입

『생각하는 초등연산』 1권

수 세기에 의한 덧셈과 뺄셈

받아올림과 받아내림을 수 세기로 도입

『생각하는 초등연산』 2권

두 자리 수의 덧셈과 뺄셈 1

세로셈 도입

『생각하는 초등연산』 2권

박영훈 선생님의 생각하는 초등연산 개념 MAP

두 자리 수의 덧셈과 뺄셈 2

받아올림과 받아내림을 세로셈으로 도입

『생각하는 초등연산』 3권

세 자리 수의 덧셈과 뺄셈 (덧셈과 뺄셈의 완성)

『생각하는 초등연산』 5권

두 자리수 곱셈의 완성

『생각하는 초등연산』 7권

두 자리수의 곱셈

분배법칙의 적용

『생각하는 초등연산』 6권

곱셈구구의 완성

동수누가에 의한 덧셈의 확장으로 곱셈 도입

『생각하는 초등연산』 4권

곱셈기호의 도입

동수누가에 의한 덧셈의 확장으로 곱셈 도입

『생각하는 초등연산』 4권

몫이 두 자리 수인 나눗셈

『생각하는 초등연산』 7권

나머지가 있는 나눗셈

『생각하는 초등연산』 6권

나눗셈기호의 도입

곱셈구구에서 곱셈의 역에 의한 나눗셈 도입

『생각하는 초등연산』 6권

곱셈과 나눗셈의 완성

『생각하는 초등연산』 8권

사칙연산의 완성

혼합계산

『생각하는 초등연산』 8권

1

세 자리 수와
한 자리 수의
곱셈

✎ 공부한 날짜 　 월 　 일

문제 1 | 다음을 계산하시오.

(1)

```
    I 7
  ×   4
  ─────
```

(2)

```
    I 3
  ×   9
  ─────
```

(3)

```
    I 6
  ×   8
  ─────
```

(4)

```
    7 5
  ×   8
  ─────
```

(5)

```
    5 9
  ×   9
  ─────
```

(6)

```
    7 6
  ×   4
  ─────
```

문제 2 | 보기와 같이 빈칸에 알맞은 식과 수를 넣으시오.

보기

$4 \times 3 = \boxed{12}$

$40 \times 3 = \boxed{120}$

$400 \times 3 = \boxed{1200}$

(1)

$2 \times 7 = \boxed{}$

$20 \times 7 = \boxed{}$

$200 \times 7 = \boxed{}$

선생님만 보세요

문제 1 6권에서 익힌 곱셈 (두 자리 수)×(한 자리 수)를 복습하며, '두 개 항의 합'에 대한 곱셈의 분배법칙, 즉 (a+b)×c = a×c + b×c를 연습한다. 두 자리 수를 십의 자리와 일의 자리로 분리하여 곱셈을 실행하고 나서 그 값을 각각 더하는, 간단한 분배법칙을 이해하는지 점검하는 문제다.

(2)

$3 \times 6 =$ ☐

$30 \times 6 =$ ☐

$300 \times 6 =$ ☐

(3)

$9 \times 4 =$ ☐

$90 \times 4 =$ ☐

$900 \times 4 =$ ☐

(4)

$8 \times 5 =$ ☐

$80 \times 5 =$ ☐

$800 \times 5 =$ ☐

(5)

$7 \times 8 =$ ☐

$70 \times 8 =$ ☐

$700 \times 8 =$ ☐

문제 3 | 보기와 같이 계산하시오.

보기

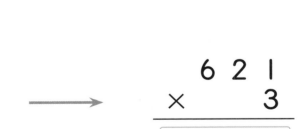

 문제 2 한 자리 수의 곱셈(곱셈구구)으로, 40×3과 400×3과 같은 '몇십 또는 몇백과 한 자리 수의 곱셈'을 익힌다. 이때 구하는 답에 나타나는 0의 역할에 대해 이해하는 것이 핵심이다. (세 자리 수)×(한 자리 수)의 곱셈을 위한 준비 단계다.

(1)
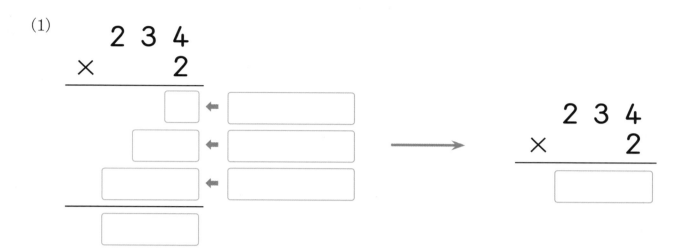

(2)
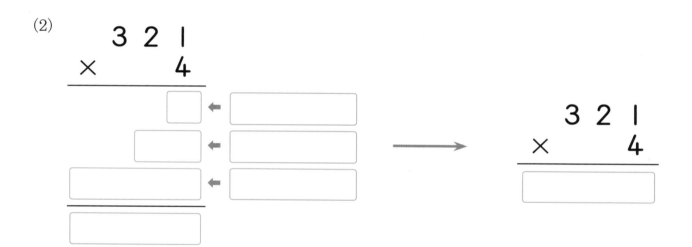

(3)
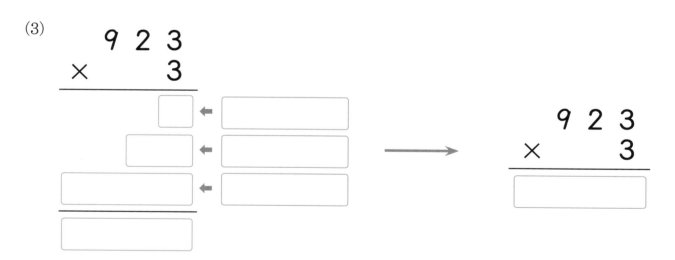

 선생님만 보세요 **문제 3** (세 자리 수)×(한 자리 수)의 가장 단순한 형태의 문제를 익힌다. 일, 십, 백의 자리에 있는 각각의 수와 곱하는 수를 각각 곱한 후에, 그 값을 모두 더하는 분배법칙의 적용 절차를 세로식에서 익힌다. 받아올림이 없는 문제만 제시하였기에 쉽게 답을 구할 수 있다.

(4)
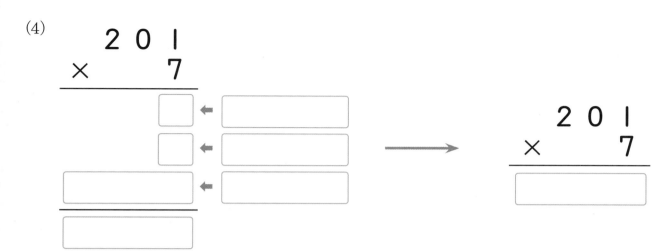

(5)
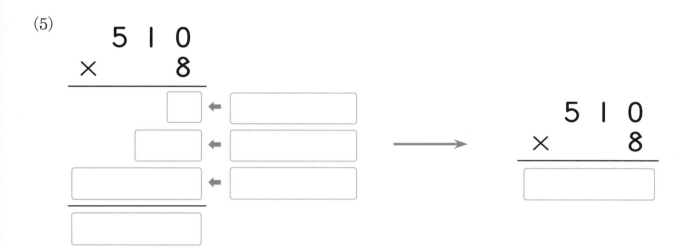

(6)
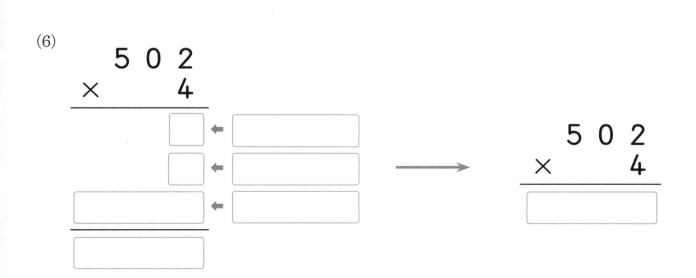

문제 4 | 다음을 계산하시오.

(1)
```
    3 1 2
  ×     3
  -------
```

(2)
```
    9 4 2
  ×     2
  -------
```

(3)
```
    7 0 1
  ×     5
  -------
```

(4)
```
    6 2 0
  ×     4
  -------
```

(5)
```
    8 1 0
  ×     9
  -------
```

(6)
```
    8 0 3
  ×     2
  -------
```

(7)
```
    1 2 3
  ×     2
  -------
```

(8)
```
    4 0 2
  ×     3
  -------
```

(9)
```
    5 0 2
  ×     4
  -------
```

선생님만 보세요   **문제 4** 〈문제 3〉에서 익힌 받아올림이 없는 (세 자리 수)×(한 자리 수)의 곱셈을 세로식에서 완성한다.

초등학교 곱셈의 수학적 원리는 분배법칙

3학년 2학기 곱셈 단원의 최종 목표는 두 자리 수끼리의 '곱셈에 대한 표준 알고리즘' 완성이다. 여기서 '곱셈에 대한 표준 알고리즘'이란, 예를 들어 곱셈 48×37을 다음 순서에 따라 차례로 곱하는 절차를 이해하고 실행하는 것을 말한다.

① 식을 세로로 쓴다.

② 피승수 8에 7을 곱해 얻은 56에서, 50의 5는 피승수 4(실제 값은 40) 위에 쓰고 6은 일의 자리에 내려 쓴다.

③ 피승수 40에 7을 곱해 얻은 280과 ②에서 받아올림한 50을 더한 330을 백의 자리와 십의 자리에 쓴다.

④ 피승수 48과 승수 30의 곱셈을 ②와 ③에서와 똑같은 방식으로 실행하여 1440을 얻는다.

⑤ ②, ③, ④에서 얻은 336과 1440을 더하여 곱셈 결과인 1776을 얻는다.

$$
\begin{array}{r}
{\scriptstyle 2\ 5} \\
4\ 8 \\
\times\ 3\ 7 \\
\hline
3\ 3\ 6 \quad \cdots\ ②③ \\
1\ 4\ 4\ 0 \quad \cdots\ ④ \\
\hline
1\ 7\ 7\ 6 \quad \cdots\ ⑤
\end{array}
$$

위의 곱셈에 대한 표준 알고리즘은 연산법칙 가운데 하나인 '덧셈에 대한 곱셈의 분배법칙'이라는 수학적 원리가 적용된 결과로, 다음과 같은 식으로 나타낼 수 있다.

$$
\begin{aligned}
48\times37 &= 48\times(30+7) \\
&= 48\times30+48\times7 \\
&= (40+8)\times30+(40+8)\times7 \\
&= 40\times30+8\times30+40\times7+8\times7 \\
&= 1200+240+280+56 \\
&= 1776
\end{aligned}
$$

위의 식은 다음과 같이 기호로 사용하여 나타낼 수 있다.

$$
\begin{aligned}
(a+b)\times(c+d) &= (a+b)\times c+(a+b)\times d \\
&= a\times c+b\times c+a\times d+b\times d
\end{aligned}
$$

그렇다고 하여 초등학생 아이들에게 분배법칙을 설명하고 이를 계산에 적용하도록 하는 연역적 방법에 따른 가르침을 도입하라는 것은 아니다. 다만 '분배법칙에 대한 직관적 이해'를 토대로 앞에서 제시한 알고리즘을 이해하고 실행할 수 있으면 충분하다.

『생각하는 초등연산』 7권에서는 6일차에서 분배법칙의 직관적 이해를 위한 적절한 모델을 도입하였다. 아

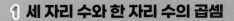
이들은 이 모델과 세로식에 주어진 곱셈을 비교하면서 점진적인 단계를 거쳐 곱셈의 표준알고리즘을 자연스럽게 이해하고 받아들일 수 있을 것이다.

여기서 점진적인 단계라는 것은 두 자리 수끼리의 곱셈 이전에 첫 단계로 다음과 같은 '세 자리 수와 한 자리 수의 곱셈'을 학습하는 것을 말한다.

$$423 \times 3 = 400 \times 3 + 20 \times 3 + 3 \times 3$$
$$= 1200 + 60 + 9 = 1269$$

이 식도 다음과 같이 문자를 사용하여 나타낼 수 있다.

$$(a+b+c) \times d = (A+c) \times d \cdots\cdots (a+b=A라 하자)$$
$$= A \times d + c \times d \cdots (1학기 곱셈의 적용)$$
$$= (a+b) \times d + c \times d$$
$$= a \times d + b \times d + c \times d$$

이 식에서도 이미 6권(3학년 1학기)에서 익힌 '두 개 항의 합에 대한 곱셈의 분배법칙', 즉 $(a+b) \times c = a \times c + b \times c$로부터 '세 개 항의 합에 대한 곱셈의 분배법칙'으로 단 한 걸음만 나아간다. 이와 같은 점진적인 단계를 밟으며 아이들이 자연스럽게 연산 절차를 습득하는 것을 목격하게 될 것이다.

세 자리 수×한 자리 수 (2)

✏️ 공부한 날짜   월   일

문제 1 | 다음을 계산하시오.

(1)
```
    4 2 1
  ×     3
```
☐ ← ☐
☐ ← ☐
☐ ← ☐
☐

(2)
```
    7 0 1
  ×     6
```
☐ ← ☐
☐ ← ☐
☐ ← ☐
☐

(3)
```
    5 1 0
  ×     8
```
☐ ← ☐
☐ ← ☐
☐ ← ☐
☐

(4)
```
    8 1 1
  ×     9
```
☐ ← ☐
☐ ← ☐
☐ ← ☐
☐

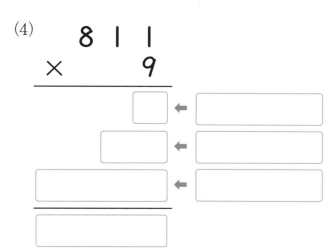

선생님만 보세요   **문제 1** 앞에서 익힌 받아올림이 없는 (세 자리 수)×(한 자리 수)의 복습이다.

(5)
```
      9 3 1
  ×       2
  ─────────
```

(6)
```
      5 1 0
  ×       7
  ─────────
```

문제 2 | 보기와 같이 계산하시오.

```
      7 1 6
  ×       3
  ─────────
```
1 8	←	6 × 3
3 0	←	10 × 3
2 1 0 0	←	700 × 3

2 1 4 8

⟶

```
        1
      7 1 6
  ×       3
  ─────────
    2 1 4 8
```

(1)
```
      1 2 3
  ×       4
  ─────────
```
	←	
	←	
	←	

⟶

```
      1 2 3
  ×       4
  ─────────
```

문제 2 앞에서와 같은 (세 자리 수)×(한 자리 수)이지만, 일의 자리에서 받아올림한 값을 피승수 위에 표기하는 것이 다르다.

(2)

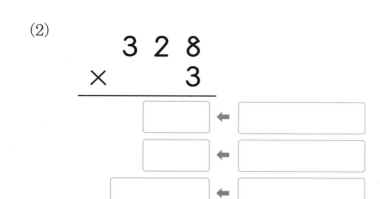

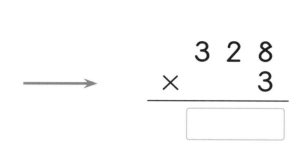

(3)

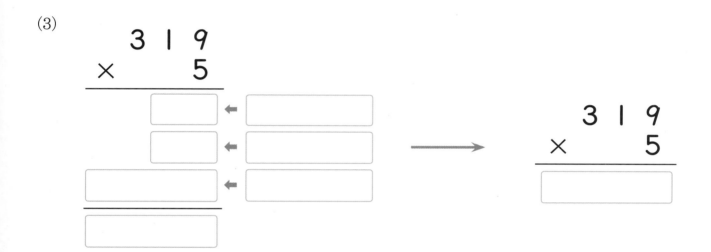

(4)

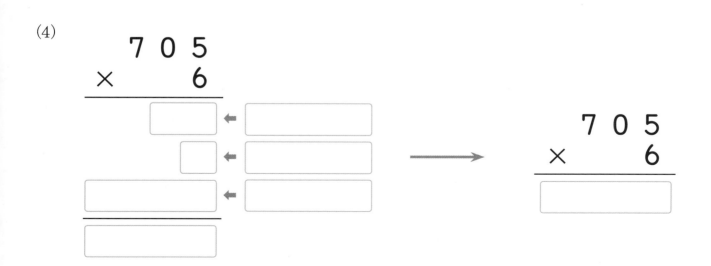

(5)

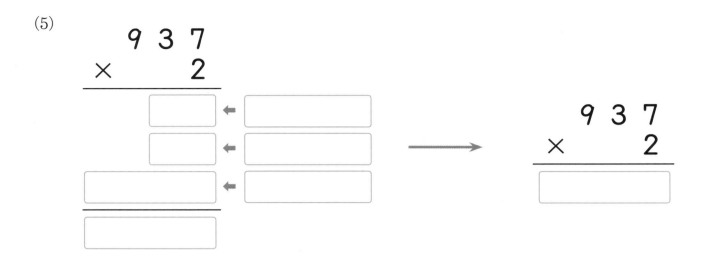

(6)

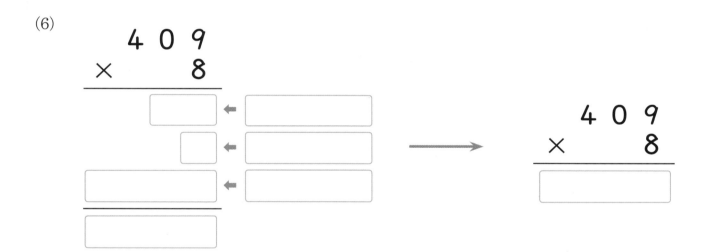

문제 3 | 다음을 계산하시오.

(1)
```
    4 2 7
  ×     2
  -------
```

(2)
```
    1 2 9
  ×     3
  -------
```

(3)
```
    1 0 8
  ×     5
  -------
```

(4)
```
    5 1 3
  ×     6
  -------
```

(5)
```
    4 0 6
  ×     9
  -------
```

(6)
```
    2 1 3
  ×     7
  -------
```

(7)
```
    1 2 3
  ×     4
  -------
```

(8)
```
    4 0 2
  ×     5
  -------
```

(9)
```
    5 1 2
  ×     5
  -------
```

문제 3 (세 자리 수)×(한 자리 수)의 연습이다. 앞의 〈문제 2〉에서 익힌 세로식의 곱셈 절차를 스스로 실행한다. 이때 받아올림한 값의 표기를 빠뜨리지 않도록 주의해야 한다.

✏️ 공부한 날짜　　월　　일

문제 1 | 다음을 계산하시오.

(1)
```
    3 2 5
  ×     3
```

(2)
```
    1 0 4
  ×     7
```

(3)
```
    4 1 5
  ×     5
```

(4)
```
    8 2 4
  ×     4
```

(5)
```
    6 0 7
  ×     2
```

(6)
```
    7 1 5
  ×     6
```

문제 2 | 보기와 같이 계산하시오.

보기

```
    7 6 2
  ×     4
```
8	←	2 × 4
2 4 0	←	60 × 4
2 8 0 0	←	700 × 4

3 0 4 8

⟶

```
      2
    7 6 2
  ×     4
```
3 0 4 8

문제 1 앞에서 익힌 일의 자리에서 받아올림하는 (세 자리 수)×(한 자리 수)의 복습이다.

(1)

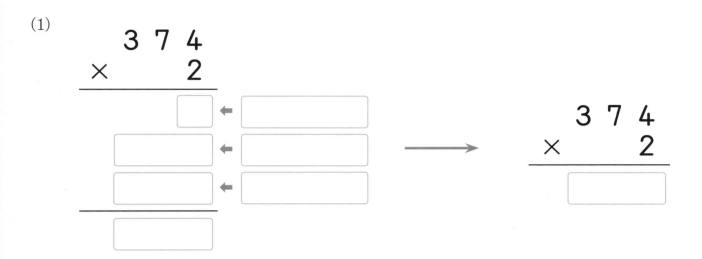

(2)

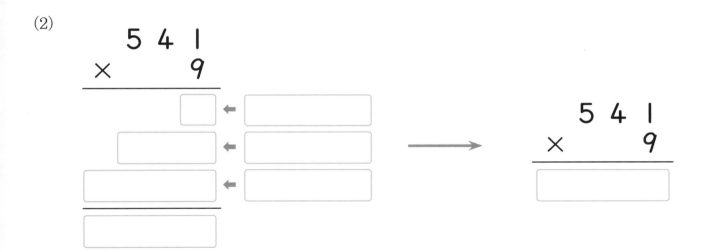

(3)

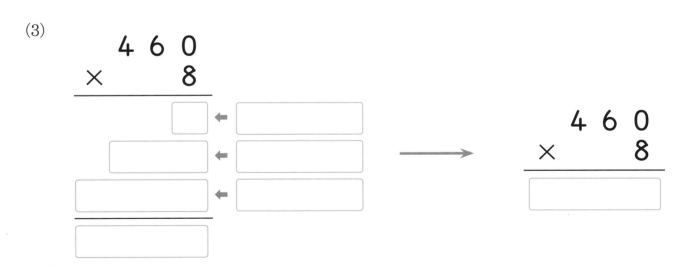

문제 2 앞에서와 같이 (세 자리 수)×(한 자리 수)의 계산 절차를 익힌다. 다만 십의 자리에서 받아올림한 값을 피승수 위에 표기하는 것만 다르다.

(4)

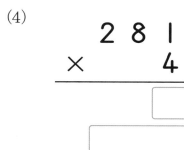

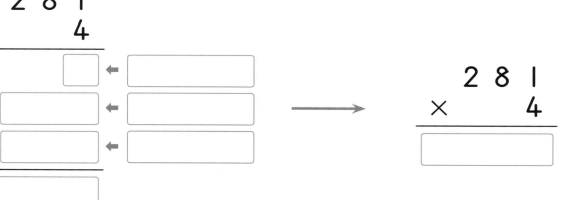

```
    2 8 1
  ×     4
  ┌──────────┐
  │          │
  └──────────┘
```

(5)

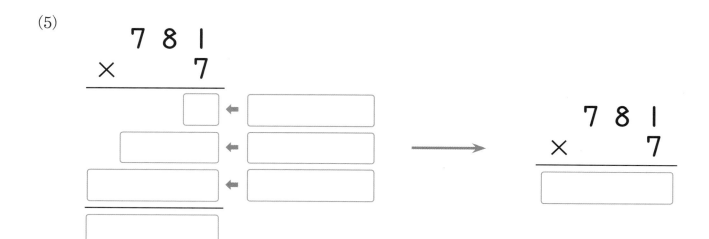

```
    7 8 1
  ×     7
  ┌──────────┐
  │          │
  └──────────┘
```

(6)

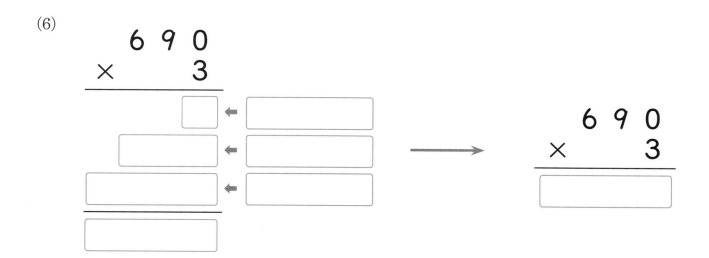

```
    6 9 0
  ×     3
  ┌──────────┐
  │          │
  └──────────┘
```

문제 3 | 다음을 계산하시오.

(1)
```
    6 8 3
  ×     2
  ───────
```

(2)
```
    9 2 0
  ×     5
  ───────
```

(3)
```
    8 6 1
  ×     7
  ───────
```

(4)
```
    1 7 0
  ×     8
  ───────
```

(5)
```
    6 9 1
  ×     6
  ───────
```

(6)
```
    7 5 2
  ×     4
  ───────
```

(7)
```
    1 3 1
  ×     7
  ───────
```

(8)
```
    4 2 0
  ×     5
  ───────
```

(9)
```
    5 2 1
  ×     5
  ───────
```

문제 3 (세 자리 수)×(한 자리 수)의 연습이다. 앞의 〈문제 2〉에서 익힌 세로식의 곱셈 절차를 스스로 실행한다. 이때 받아올림한 값의 표기를 빠뜨리지 않도록 주의해야 한다.

세 자리 수×한 자리 수 (4)

✏️ 공부한 날짜   월   일

문제 1 | 다음을 계산하시오.

(1)
```
    5 6 2
  ×     3
```

(2)
```
    7 4 0
  ×     6
```

(3)
```
    9 3 1
  ×     5
```

(4)
```
    8 9 0
  ×     7
```

(5)
```
    2 8 1
  ×     4
```

(6)
```
    6 9 0
  ×     9
```

문제 2 | 보기와 같이 계산하시오.

보기

```
    3 8 9
  ×     6
```
5 4	←	9 × 6
4 8 0	←	80 × 6
1 8 0 0	←	300 × 6

| 2 3 3 4 |

⟶

```
      5 5
    3 8 9
  ×     6
```
| 2 3 3 4 |

문제 1 앞에서 익힌 십의 자리에서 받아올림이 있는 (세 자리 수)×(한 자리 수)의 복습이다.

(1)

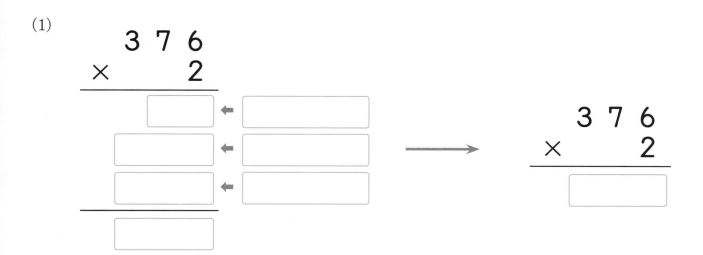

(2)

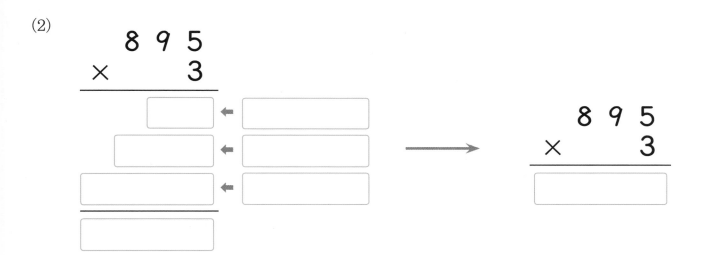

(3)

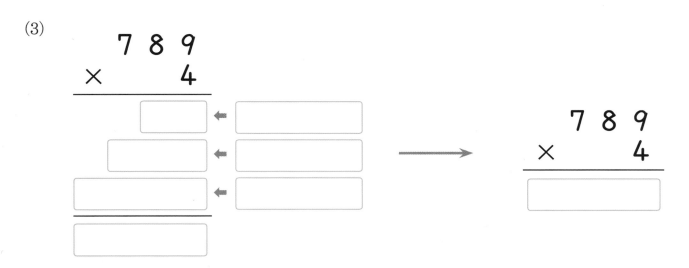

 **선생님만 보세요** **문제 2** 앞에서와 같이 (세 자리 수)×(한 자리 수)의 계산 절차를 익힌다. 다만 일의 자리와 십의 자리에서 모두 받아올림한 값을 각각
피승수 위에 두 번 표기하는 것만 다르다.

(4)

```
      1 3 5
  ×       9
  ┌─────┐    ┌──────────────┐
  │     │ ←  │              │
  └─────┘    └──────────────┘
 ┌───────┐   ┌──────────────┐
 │       │ ← │              │
 └───────┘   └──────────────┘
┌─────────┐  ┌──────────────┐
│         │ ←│              │
└─────────┘  └──────────────┘
┌─────────┐
│         │
└─────────┘
```

→

```
      1 3 5
  ×       9
  ┌──────────┐
  │          │
  └──────────┘
```

(5)

```
      4 7 8
  ×       7
  ┌─────┐    ┌──────────────┐
  │     │ ←  │              │
  └─────┘    └──────────────┘
 ┌───────┐   ┌──────────────┐
 │       │ ← │              │
 └───────┘   └──────────────┘
┌─────────┐  ┌──────────────┐
│         │ ←│              │
└─────────┘  └──────────────┘
┌─────────┐
│         │
└─────────┘
```

→

```
      4 7 8
  ×       7
  ┌──────────┐
  │          │
  └──────────┘
```

(6)

```
      2 6 7
  ×       8
  ┌─────┐    ┌──────────────┐
  │     │ ←  │              │
  └─────┘    └──────────────┘
 ┌───────┐   ┌──────────────┐
 │       │ ← │              │
 └───────┘   └──────────────┘
┌─────────┐  ┌──────────────┐
│         │ ←│              │
└─────────┘  └──────────────┘
┌─────────┐
│         │
└─────────┘
```

→

```
      2 6 7
  ×       8
  ┌──────────┐
  │          │
  └──────────┘
```

문제 3 | 다음을 계산하시오.

(1)
```
    1 8 2
  ×     5
  -------
```

(2)
```
    4 2 5
  ×     7
  -------
```

(3)
```
    5 3 7
  ×     6
  -------
```

(4)
```
    2 8 9
  ×     9
  -------
```

(5)
```
    1 7 8
  ×     8
  -------
```

(6)
```
    4 5 7
  ×     9
  -------
```

(7)
```
    1 2 3
  ×     5
  -------
```

(8)
```
    4 2 3
  ×     6
  -------
```

(9)
```
    5 2 3
  ×     6
  -------
```

문제 3 (세 자리 수)×(한 자리 수)의 연습이다. 앞의 〈문제 2〉에서 익힌 세로식의 곱셈 절차를 스스로 실행한다. 이때 받아올림한 값의 표기를 빠뜨리지 않도록 주의해야 한다.

두 자리 수끼리의 곱셈 절차 익히기

(세 자리 수)×(한 자리 수)에 이어 본격적으로 (두 자리 수)×(두 자리 수)를 익힌다. 역시 분배법칙이 적용되는데, 다만 다음과 같이 두 번의 분배법칙이 거듭 적용되는 것에 초점을 둔다.

$$48 \times 37 = 48 \times (30+7)$$
$$= 48 \times 30 + 48 \times 7$$
$$= (40+8) \times 30 + (40+8) \times 7$$
$$= 40 \times 30 + 8 \times 30 + 40 \times 7 + 8 \times 7$$
$$= 1200 + 240 + 280 + 56$$
$$= 1776$$

(두 자리 수)×(두 자리 수)의 풀이 과정을 문자를 사용하여 나타내면 다음과 같다.

$$(a+b) \times (c+d) = A \times (c+d) \cdots\cdots\cdots (a+b=A \text{라 하자})$$
$$= A \times c + A \times d \cdots\cdots (\text{1학기 곱셈의 적용})$$
$$= (a+b) \times c + (a+b) \times d$$
$$= a \times c + b \times c + a \times d + b \times d$$

위의 과정도 1학기에 배운 $(A+B) \times M = A \times M + B \times M$ 이라는 두 수의 합에 적용되는 곱셈의 분배법칙이 적용되는데, 거듭하여 두 번 적용되는 것만 주의하면 된다.

따라서 초등학교 곱셈 학습도 겉으로는 단순한 계산 기능을 습득하는 것처럼 보이지만, 실제로는 분배법칙이라는 수학적 원리의 이해와 실행이 핵심이라는 것을 알 수 있다. 그러나 초등학교에서는 분배법칙을 형식화하여 지도하거나 용어를 익히도록 강요할 필요는 없다. 그 이유는 분배법칙이 중학교 수학에서 결합법칙과 교환법칙이라는 연산법칙의 핵심내용 가운데 하나로 제시되기 때문이다.

그러므로 초등학교에서는 세로식에서의 곱셈 절차를 습득하는 과정에서 분배법칙을 직관적으로 이해하면 충분하다. 이를 위해 6일차 〈문제 3〉에서와 같은 간단한 수학적 모델을 제공한다.

✏️ 공부한 날짜 　　 월 　　 일

문제 1 | 다음을 계산하시오.

(1)

```
  1 6 8
×     2
───────
```

(2)

```
  4 8 5
×     3
───────
```

(3)

```
  2 9 3
×     7
───────
```

(4)

```
  5 2 6
×     4
───────
```

(5)

```
  6 7 9
×     8
───────
```

(6)

```
  3 4 9
×     9
───────
```

문제 2 | 보기와 같이 빈칸에 알맞은 식과 수를 넣으시오.

보기

$5 \times 3 = \boxed{15}$

$5 \times 30 = \boxed{150}$

$50 \times 30 = \boxed{1500}$

(1)

$2 \times 4 = \boxed{}$

$2 \times 40 = \boxed{}$

$20 \times 40 = \boxed{}$

선생님만 보세요

문제 1 앞에서 익힌 (세 자리 수)×(한 자리 수)를 복습한다.

문제 2 (두 자리 수)×(두 자리 수)의 곱셈을 위한 준비 단계다. 즉, 곱하는 수가 두 자리 수인 곱셈을 위해 먼저 5×30과 50×30과 같이 '몇 십'을 곱하는 경우를 익힌다. 이때 5×3과 같은 한 자리 수의 곱셈, 즉 곱셈구구에서 출발하여 구하는 답에 나타나는 0의 역할에 대한 이해가 핵심이다.

(2)

$$7 \times 2 = \boxed{}$$

$$7 \times 20 = \boxed{}$$

$$70 \times 20 = \boxed{}$$

(3)

$$3 \times 6 = \boxed{}$$

$$3 \times 60 = \boxed{}$$

$$30 \times 60 = \boxed{}$$

(4)

$$5 \times 9 = \boxed{}$$

$$5 \times 90 = \boxed{}$$

$$50 \times 90 = \boxed{}$$

(5)

$$8 \times 7 = \boxed{}$$

$$8 \times 70 = \boxed{}$$

$$80 \times 70 = \boxed{}$$

문제 3 | 다음을 계산하시오.

(1)
$$\begin{array}{r} 4 \\ \times\ 2\ 0 \\ \hline \end{array}$$

(2)
$$\begin{array}{r} 3 \\ \times\ 3\ 0 \\ \hline \end{array}$$

(3)
$$\begin{array}{r} 7 \\ \times\ 1\ 0 \\ \hline \end{array}$$

(4)
$$\begin{array}{r} 9 \\ \times\ 4\ 0 \\ \hline \end{array}$$

(5)
$$\begin{array}{r} 8 \\ \times\ 5\ 0 \\ \hline \end{array}$$

(6)
$$\begin{array}{r} 9 \\ \times\ 9\ 0 \\ \hline \end{array}$$

문제 3 〈문제 2〉에서 익힌 (한 자리 수)×(몇 십)을 세로식에서 익히며 0의 역할을 확인한다. 이때 가로식에서 익힌 두 가지 경우의 곱셈. 예를 들어 2×30=60과 5×30=150의 곱셈 결과에 0이 나타나는 패턴을 세로식에서 습득한다.

문제 4 | 보기와 같이 계산하시오.

보기

```
      6 0
  ×   2 0
  1 2 0 0
```

(1)
```
      2 0
  ×   3 0
```

(2)
```
      8 0
  ×   1 0
```

(3)
```
      5 0
  ×   3 0
```

(4)
```
      7 0
  ×   6 0
```

(5)
```
      9 0
  ×   7 0
```

문제 5 | 보기와 같이 계산하시오.

보기

```
        2 3
  ×     6 0
    1 8 0   ← 3 × 60
  1 2 0 0   ← 20 × 60
  1 3 8 0
```

⟶

```
        2 3
  ×     6 0
  1 3 8 0
```

 **선생님만 보세요** **문제 4** 〈문제 2〉에서 익힌 (몇 십)×(몇 십)을 세로식에서 익히며 0의 역할을 확인한다. 이때 가로식에서 익힌 두 가지 경우의 곱셈. 예를 들어 20×30=600과 50×30=1500의 곱셈 결과로부터 0이 나타나는 패턴을 세로식에서 습득한다.

(1)

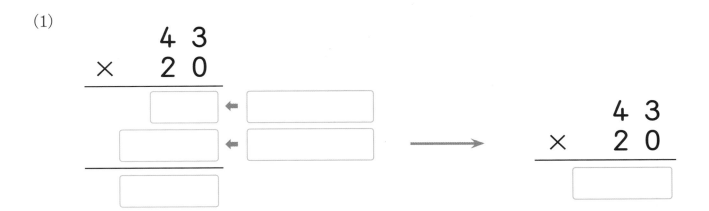

(2)

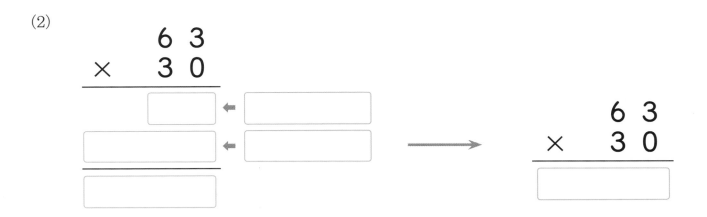

(3)

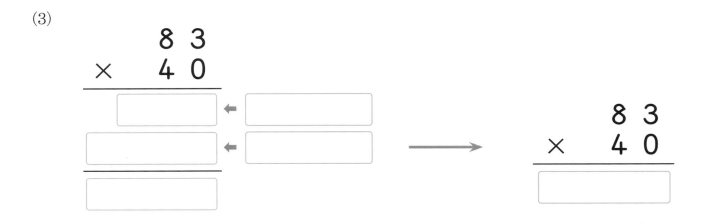

문제 5 〈문제 3〉에서 익힌 (한 자리 수)×(몇 십)과 〈문제 4〉에서 익힌 (몇 십)×(몇 십)을 세로식에서 각각 구현하여 더함으로써 (두 자리 수)×(몇 십)의 계산절차를 익힌다. 예를 들어 보기의 곱셈 23×60이 3×60=180과 20×60=1200의 합인 1380이 되는 절차를 익힌다.

(4)

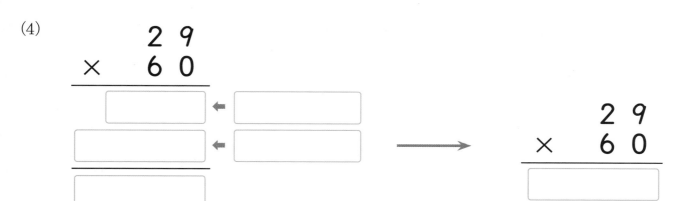

(5)

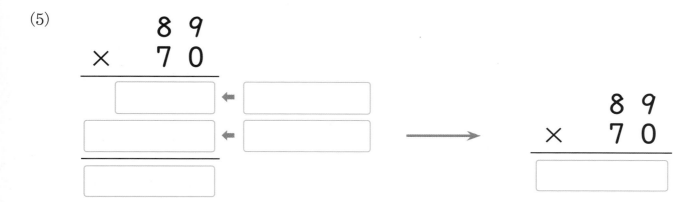

(6)

(7)

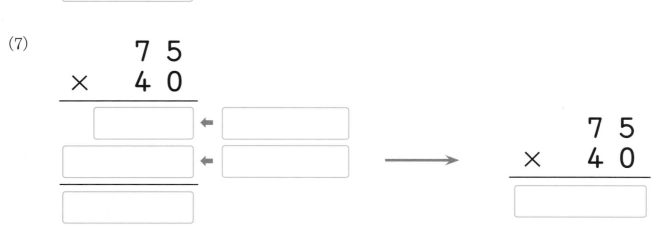

✎ 공부한 날짜   월   일

문제 1 | 빈칸에 알맞은 식과 수를 넣으시오.

(1)

```
    6 7
×   4 0
```

[   ] ← [   ]

[   ] ← [   ]

[   ]

→

```
    6 7
×   4 0
```

[   ]

(2)

```
    9 2
×   3 0
```

[   ] ← [   ]

[   ] ← [   ]

[   ]

→

```
    9 2
×   3 0
```

[   ]

(3)

```
    4 5
×   9 0
```

[   ] ← [   ]

[   ] ← [   ]

[   ]

→

```
    4 5
×   9 0
```

[   ]

 **문제 1** 앞에서 익힌 세로식으로 주어진 (두 자리 수)×(몇십)의 복습이다.

문제 2 | 보기와 같이 계산하시오.

보기

```
        2
      4 9
  ×   3 0
  ─────────
  1 4 7 0
```

(1)
```
      4 7
  ×   6 0
  ─────────
```

(2)
```
      7 5
  ×   5 0
  ─────────
```

(3)
```
      3 4
  ×   2 0
  ─────────
```

(4)
```
      1 4
  ×   4 0
  ─────────
```

(5)
```
      8 3
  ×   3 0
  ─────────
```

(6)
```
      3 6
  ×   9 0
  ─────────
```

(7)
```
      1 8
  ×   8 0
  ─────────
```

(8)
```
      7 9
  ×   7 0
  ─────────
```

선생님만 보세요

문제 2 앞에서 익힌 (두 자리 수)×(몇 십)의 곱셈을 토대로 더 단순화한 새로운 절차의 곱셈을 익힌다. 보기에서와 같이 9×30은 9 ×3=27이 아니라 270이며, 40×30은 4×3=12가 아니라 1200이라는 것을 파악해야 한다. 결국 두 자리 수 곱셈 절차의 핵심 은 자릿값에 대한 이해이다.

문제 3 | 보기와 같이 빈칸에 알맞은 식과 수를 쓰시오.

보기

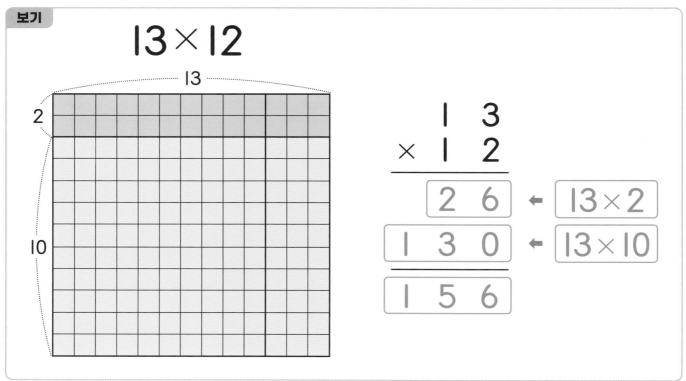

$$13 \times 12$$

$$
\begin{array}{r}
1\ 3 \\
\times\ 1\ 2 \\
\hline
\boxed{2\ 6} \leftarrow \boxed{13 \times 2} \\
\boxed{1\ 3\ 0} \leftarrow \boxed{13 \times 10} \\
\hline
\boxed{1\ 5\ 6}
\end{array}
$$

(1)

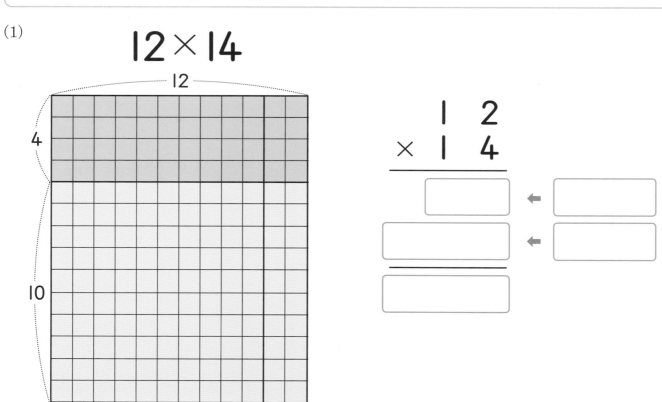

$$12 \times 14$$

$$
\begin{array}{r}
1\ 2 \\
\times\ 1\ 4 \\
\hline
\end{array}
$$

 **선생님만 보세요**   **문제 3** 가로와 세로의 길이가 각각 13과 12인 직사각형 모델을 제공하였다. (두 자리 수)×(두 자리 수)에 들어가기 전에 더 단순한 형태인 13×12와 같은 (십 몇)×(십 몇)의 계산 절차에 들어 있는 분배법칙을 이해하는 활동이다.

(2)

13×13

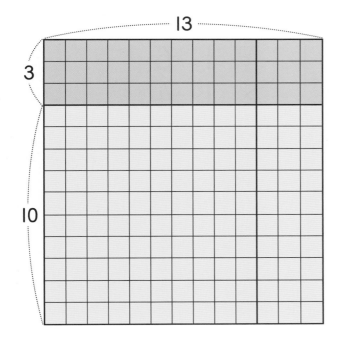

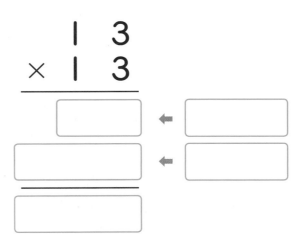

(3)

14×13

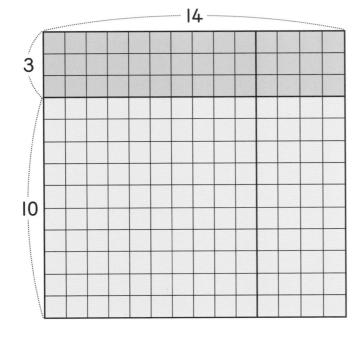

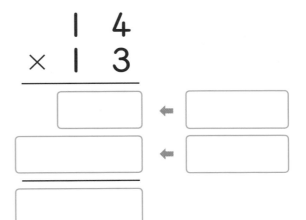

문제 3 그러나 아이들은 아직 직사각형의 넓이 구하기를 배우지 않았다는 사실에 유의해야 한다. 따라서 이 문제는 작은 네모가 모두 몇 개인지를 세는 활동으로 제시해야만 한다. 가로의 한 줄에 배열된 13개의 작은 네모를 한 묶음으로 하여 세로의 한 줄에 배열된 네모가 12개 라는 것으로부터 십의 자리 10과 일의 자리 2를 각각 곱하여 더하는 절차를 익히는 문제 상황이다. 이때 분배 법칙 a×(b+c)=a×b+a×c이 적용되는 과정을 눈으로 확인하는 것에 초점을 둔다.

(4)

16×14

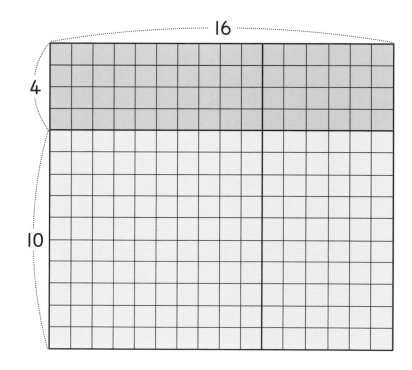

(5)

17×15

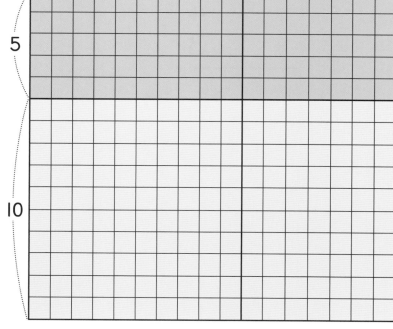

✏️ 공부한 날짜   월   일

문제 1 | 빈칸에 알맞은 식과 수를 넣으시오.

(1)

12 × 12

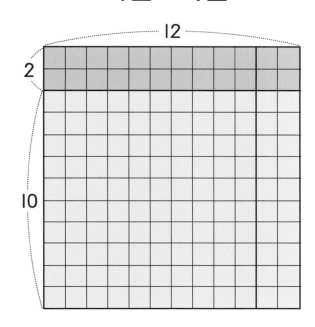

(2)

13 × 12

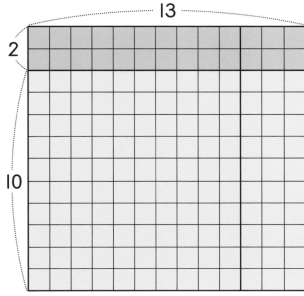

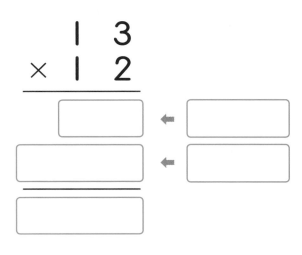

문제 1 앞에서 익힌 직사각형에 들어 있는 네모의 전체 개수 구하기에서 익힌 곱셈 (십 몇)×(십 몇)의 복습이다.

(3)

14 × 15

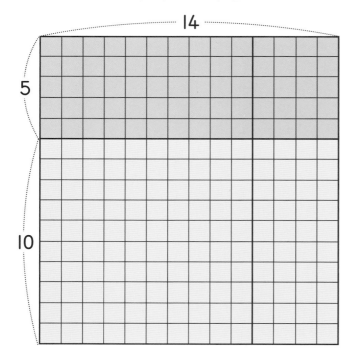

```
      1 4
   ×  1 5
   ┌──────┐     ┌──────┐
   │      │ ←   │      │
   └──────┘     └──────┘
   ┌──────┐     ┌──────┐
   │      │ ←   │      │
   └──────┘     └──────┘
   ┌──────┐
   │      │
   └──────┘
```

(4)

16 × 17

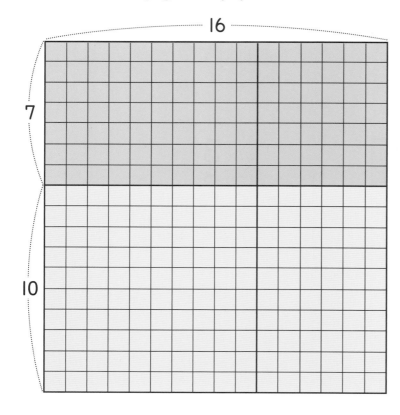

```
      1 6
   ×  1 7
   ┌──────┐     ┌──────┐
   │      │ ←   │      │
   └──────┘     └──────┘
   ┌──────┐     ┌──────┐
   │      │ ←   │      │
   └──────┘     └──────┘
   ┌──────┐
   │      │
   └──────┘
```

문제 2 | 보기와 같이 빈칸에 알맞은 식과 수를 넣으시오.

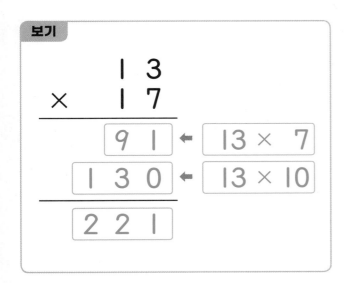

(1)

$$\begin{array}{r} 1\ 4 \\ \times\ 1\ 2 \\ \hline \end{array}$$

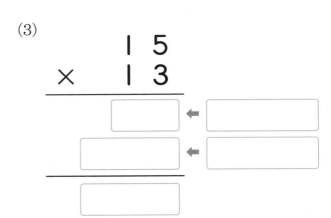

(2)

$$\begin{array}{r} 1\ 3 \\ \times\ 1\ 2 \\ \hline \end{array}$$

(3)

$$\begin{array}{r} 1\ 5 \\ \times\ 1\ 3 \\ \hline \end{array}$$

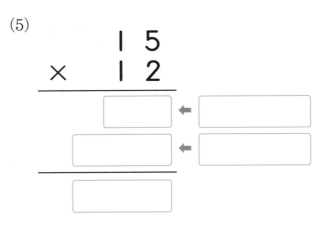

(4)

$$\begin{array}{r} 1\ 7 \\ \times\ 1\ 2 \\ \hline \end{array}$$

(5)

$$\begin{array}{r} 1\ 5 \\ \times\ 1\ 2 \\ \hline \end{array}$$

문제 2 곱셈 (십 몇)×(십 몇)을 세로식에서 구현한다. 직사각형 안에 들어 있는 네모들의 개수 구하는 문제 상황의 경험을 토대로 어렵지 않게 계산 절차를 실행할 수 있다.

(6)

```
      1 8
  ×   1 6
  ┌─────────┐     ┌─────────┐
  │         │ ◀── │         │
  └─────────┘     └─────────┘
  ┌─────────┐     ┌─────────┐
  │         │ ◀── │         │
  └─────────┘     └─────────┘
  ─────────
  ┌─────────┐
  │         │
  └─────────┘
```

(7)

```
      1 7
  ×   1 7
  ┌─────────┐     ┌─────────┐
  │         │ ◀── │         │
  └─────────┘     └─────────┘
  ┌─────────┐     ┌─────────┐
  │         │ ◀── │         │
  └─────────┘     └─────────┘
  ─────────
  ┌─────────┐
  │         │
  └─────────┘
```

문제 3 | 보기와 같이 곱셈을 하시오.

보기

```
      1 8
  ×   1 3
  ─────────
      5 4
  1 8 0
  ─────────
  2 3 4
```

(1)

```
      1 2
  ×   1 4
  ─────────
```

 **선생님만 보세요** **문제 3** (2)에서 익힌 곱셈 (십 몇)×(십 몇)의 표준 알고리즘을 세로식에서 익히는 활동이다. 이제 다음 차시에서 두 자리 수끼리의 곱셈을 습득할 충분한 준비가 되었다.

(2)
$$\begin{array}{r} 1\ 6 \\ \times\quad 1\ 3 \\ \hline \end{array}$$

(3)
$$\begin{array}{r} 1\ 9 \\ \times\quad 1\ 2 \\ \hline \end{array}$$

(4)
$$\begin{array}{r} 1\ 4 \\ \times\quad 1\ 4 \\ \hline \end{array}$$

(5)
$$\begin{array}{r} 1\ 6 \\ \times\quad 1\ 5 \\ \hline \end{array}$$

(6)
$$\begin{array}{r} 1\ 7 \\ \times\quad 1\ 4 \\ \hline \end{array}$$

(7)
$$\begin{array}{r} 1\ 9 \\ \times\quad 1\ 7 \\ \hline \end{array}$$

(8)
$$\begin{array}{r} 1\ 5 \\ \times\quad 1\ 8 \\ \hline \end{array}$$

(9)
$$\begin{array}{r} 1\ 6 \\ \times\quad 1\ 9 \\ \hline \end{array}$$

(10)
$$\begin{array}{r} 1\ 8 \\ \times\quad 1\ 8 \\ \hline \end{array}$$

(몇십 몇)×(몇십 몇)(3)

✎ 공부한 날짜   월   일

문제 1 | 곱셈을 하시오.

(1)
```
    1 2
×   1 5
```

(2)
```
    1 6
×   1 6
```

(3)
```
    1 8
×   1 7
```

(4)
```
    1 9
×   1 9
```

선생님만 보세요   **문제 1** 앞에서 익힌 세로식으로 주어진 곱셈 (십 몇)×(십 몇)의 복습이다.

문제 2 | 보기와 같이 빈칸에 알맞은 식과 수를 넣으시오.

보기

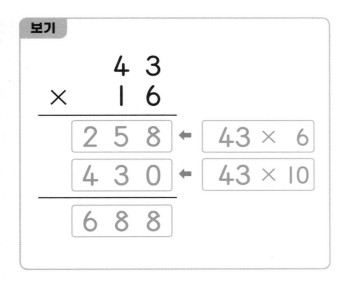

```
      4 3
  ×   1 6
 ┌─────────┐   ┌─────────┐
 │ 2 5 8   │ ← │ 43 × 6  │
 └─────────┘   └─────────┘
 ┌─────────┐   ┌─────────┐
 │ 4 3 0   │ ← │ 43 × 10 │
 └─────────┘   └─────────┘
 ┌─────────┐
 │ 6 8 8   │
 └─────────┘
```

(1)

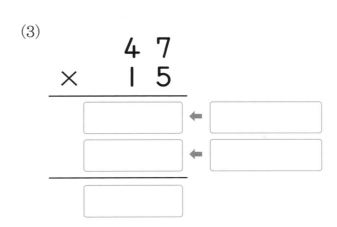

```
      1 2
  ×   3 7
```

(2)

```
      6 4
  ×   1 3
```

(3)

```
      4 7
  ×   1 5
```

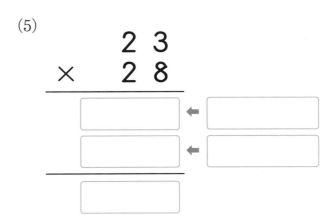

(4)

```
      1 4
  ×   2 9
```

(5)

```
      2 3
  ×   2 8
```

선생님만 보세요

문제 2 (몇십 몇)×(몇십 몇)이라는 두 자리 수끼리의 곱셈 절차를 본격적으로 익힌다. 보기에서 피승수 43에 승수 16의 일의 자리 6과 십의 자리 1(실제 값은 10)을 각각 곱한 값을 더하는, 즉 분배법칙 a×(b+c)=a×b+a×c의 적용을 익힌다.

(6)

```
    7 8
×   1 6
```

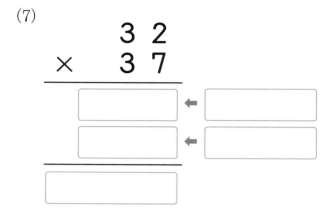

(7)

```
    3 2
×   3 7
```

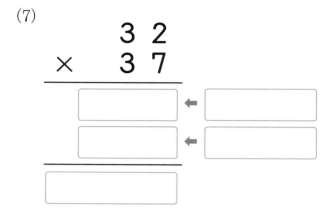

(8)

```
    4 2
×   2 5
```

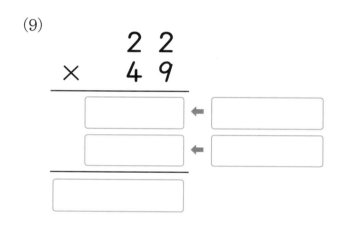

(9)

```
    2 2
×   4 9
```

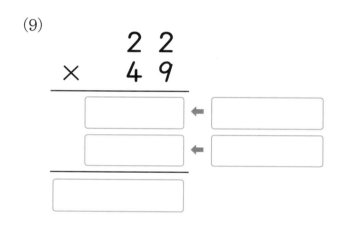

(10)

```
    3 3
×   3 5
```

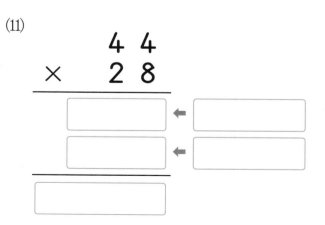

(11)

```
    4 4
×   2 8
```

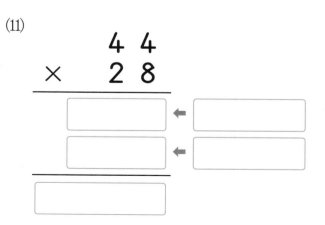

문제 3 | 보기와 같이 곱셈을 하시오.

보기

```
      4 3
  ×   2 8
  ─────────
      3 4 4
      8 6 0
  ─────────
    1 2 0 4
```

(1)
```
      2 9
  ×   1 3
  ─────────
```

(2)
```
      1 3
  ×   2 6
  ─────────
```

(3)
```
      3 4
  ×   2 5
  ─────────
```

(4)
```
      3 8
  ×   1 4
  ─────────
```

(5)
```
      2 8
  ×   1 7
  ─────────
```

(6)
```
      4 4
  ×   2 4
  ─────────
```

(7)
```
      3 3
  ×   3 9
  ─────────
```

선생님만 보세요

문제 3 앞에서 익힌 (두 자리 수)×(몇십)의 곱셈을 더 단순화한 계산 절차를 연습한다. 여기서도 분배법칙에만 집중할 수 있도록 십의 자리 수의 곱셈에서 받아올림이 없는 경우를 먼저 학습하도록 했다.

(8)
$$
\begin{array}{r}
2\;3 \\
\times\quad 4\;7 \\
\hline
\end{array}
$$

(9)
$$
\begin{array}{r}
4\;5 \\
\times\quad 2\;6 \\
\hline
\end{array}
$$

(10)
$$
\begin{array}{r}
1\;6 \\
\times\quad 6\;9 \\
\hline
\end{array}
$$

(11)
$$
\begin{array}{r}
2\;9 \\
\times\quad 3\;8 \\
\hline
\end{array}
$$

(12)
$$
\begin{array}{r}
1\;5 \\
\times\quad 1\;5 \\
\hline
\end{array}
$$

(13)
$$
\begin{array}{r}
2\;5 \\
\times\quad 2\;5 \\
\hline
\end{array}
$$

(몇십 몇)×(몇십 몇)(4)

🖊 공부한 날짜   월   일

문제1 | 곱셈을 하시오.

(1)
```
    2 4
×   1 4
─────────
```

(2)
```
    3 2
×   3 8
─────────
```

(3)
```
    3 6
×   2 5
─────────
```

(4)
```
    4 7
×   2 4
─────────
```

문제 2 | 보기와 같이 빈칸에 알맞은 식과 수를 넣으시오.

보기

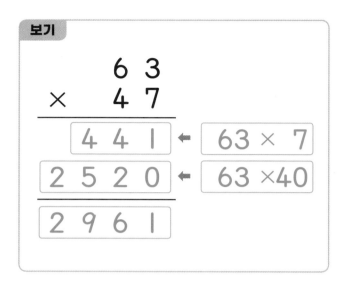

```
      6 3
 ×    4 7
 ─────────
  [4 4 1]  ← [63 × 7]
 [2 5 2 0] ← [63 ×40]
 ─────────
 [2 9 6 1]
```

(1)
```
      4 5
 ×    3 7
 ─────────
  [     ]  ← [     ]
  [     ]  ← [     ]
 ─────────
  [     ]
```

(2)
```
      5 6
 ×    2 7
 ─────────
  [     ]  ← [     ]
  [     ]  ← [     ]
 ─────────
  [     ]
```

(3)
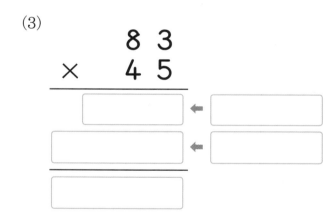
```
      8 3
 ×    4 5
 ─────────
  [     ]  ← [     ]
  [     ]  ← [     ]
 ─────────
  [     ]
```

(4)
```
      8 3
 ×    6 9
 ─────────
  [     ]  ← [     ]
  [     ]  ← [     ]
 ─────────
  [     ]
```

(5)
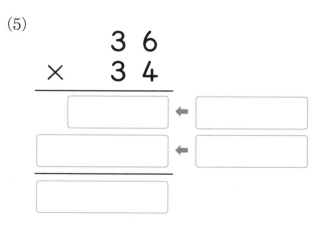
```
      3 6
 ×    3 4
 ─────────
  [     ]  ← [     ]
  [     ]  ← [     ]
 ─────────
  [     ]
```

선생님만 보세요

문제 2 두 자리 수끼리의 곱셈의 완성이다. 십의 자리 수끼리 곱할 때도 받아올림이 있는 곱셈을 세로식에서 연습하며 분배법칙을 이해한다.

(6)

$$\begin{array}{r} 8\ 6 \\ \times\quad 4\ 7 \\ \hline \end{array}$$

←

←

(7)

$$\begin{array}{r} 7\ 5 \\ \times\quad 4\ 7 \\ \hline \end{array}$$

←

←

(8)

$$\begin{array}{r} 4\ 4 \\ \times\quad 4\ 4 \\ \hline \end{array}$$

←

←

(9)

$$\begin{array}{r} 9\ 9 \\ \times\quad 9\ 9 \\ \hline \end{array}$$

←

←

(10)

$$\begin{array}{r} 5\ 5 \\ \times\quad 5\ 5 \\ \hline \end{array}$$

←

←

(11)

$$\begin{array}{r} 7\ 7 \\ \times\quad 7\ 7 \\ \hline \end{array}$$

←

←

문제 3 | 보기와 같이 곱셈을 하시오.

보기

```
        3 6
    ×   7 4
    ─────────
      1 4 4
    2 5 2 0
    ─────────
    2 6 6 4
```

(1)
```
      5 4
  ×   3 6
  ─────────
```

(2)
```
      8 9
  ×   3 5
  ─────────
```

(3)
```
      7 8
  ×   5 2
  ─────────
```

(4)
```
      8 5
  ×   2 9
  ─────────
```

문제 3 앞에서 익힌 두 자리 수끼리의 곱셈의 표준 알고리즘을 완성한다. (두 자리 수)×(두 자리 수)의 계산 절차를 본격적으로 익히는 문제다.

(5)

```
    6 7
×   3 2
─────────
```

(6)

```
    7 7
×   4 4
─────────
```

(7)

```
    4 5
×   4 5
─────────
```

(8)

```
    9 6
×   8 4
─────────
```

(9)

```
    2 5
×   4 8
─────────
```

(10)

```
    6 6
×   6 6
─────────
```

(11)

```
    8 8
×   8 8
─────────
```

(12)

```
    5 5
×   5 5
─────────
```

10 일차 여러 가지 곱셈 문제 (1)

✏ 공부한 날짜   월   일

문제 1 | 보기와 같이 곱셈을 하시오.

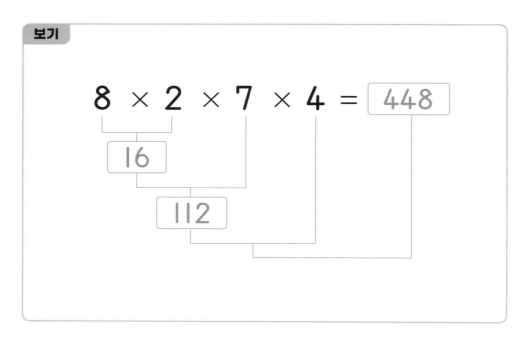

(1)
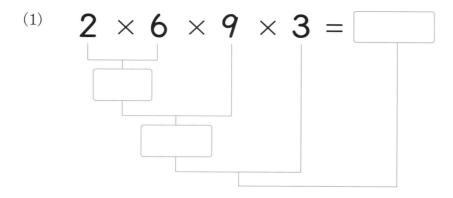

 **문제 1** 한 자리 수의 곱셈을 세 번 거듭하며 곱셈을 연습한다. 동시에 "왼쪽부터 차례로 계산한다"는, 8권에서 다루는 혼합계산을 미리 익힌다.

60

(2)

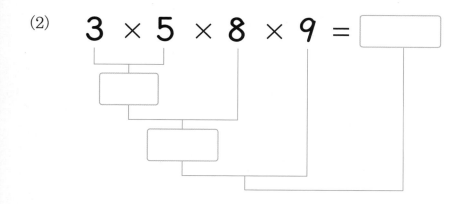

(3)

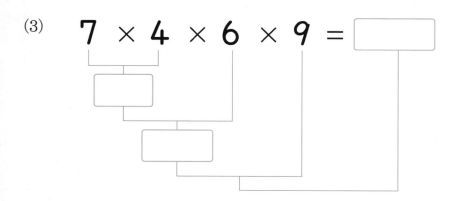

(4)

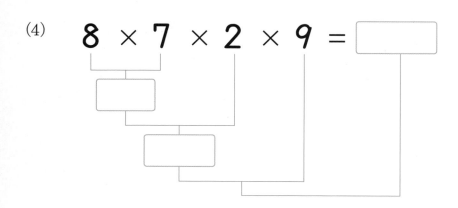

문제 2 | 빈칸에 알맞은 수를 넣으시오.

(1)

날짜(일)	1	2	3	4	5	6
횟수(번)	143	286				

♥ 계산식을 쓸 때 사용하시오.

선생님만 보세요

문제 2 주어진 표의 빈칸을 채우며 두 배, 세 배, 네 배, …의 배 개념과 곱셈의 관련성을 이해한다.

62

(2)

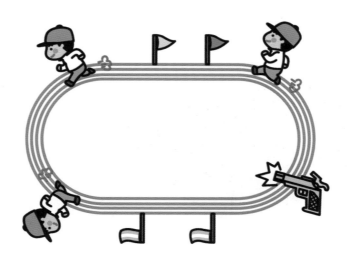

횟수(번)	1	2	3	4	5	6
거리(cm)	236	472				

♥ 계산식을 쓸 때 사용하시오.

문제 3 | 문제를 읽고 식과 답을 쓰시오.

(1) 공이 145개씩 들어 있는 상자가 6개 있습니다. 공은 모두 몇 개인가요?

식:

답: _____

(2) 정원이 259명인 비행기가 빈 좌석 없이 하루 한 편씩 운행되고 있습니다. 이 비행기를 7일 동안 이용하는 승객은 모두 몇 명인가요?

식:

답: _____

⑶ 지난해 감기 환자가 538명이었습니다. 올해는 환자 수가
지난해의 3배가 되었다면 모두 몇 명일까요?

식:

답: _____

⑷ 겨울에 비가 374㎜만큼 왔습니다. 여름에는 겨울보다 4배 더 왔다면
여름에는 비가 얼마만큼 왔을까요?

식:

답: _____

✏️ 공부한 날짜   월   일

문제 1 | 보기와 같이 빈칸에 알맞은 수를 넣으시오.

보기

```
        4 3
    ×   3 [8]
    ─────────
      [3] 4 4
    [1] 2 9 0
    ─────────
    [1][6]3 4
```

(1)
```
        2 7
    ×   2 3
    ─────────
      [ ] 1
      [ ]4 0
    ─────────
    [ ][ ]1
```

(2)
```
        2 4
    ×   4 9
    ─────────
      [ ]1 6
      9[ ]0
    ─────────
    1[ ][ ]6
```

(3)
```
        2 6
    ×  [ ]9
    ─────────
      [ ]3 4
      7 8 0
    ─────────
    [ ][ ]1 4
```

선생님만 보세요   **문제 1** 두 자리 수끼리의 곱셈 과정에 빈 칸을 채우며 곱셈 절차를 다시 한 번 확인한다.

66

(4)
```
      4  0
  ×   9  7
  ---------
      2 □  0
   3 □  0  0
  ---------
   3 □  □  0
```

(5)
```
      3  2
  ×   3  □
  ---------
      2  5  6
   □  6  0
  ---------
  □  □  1  6
```

(6)
```
      □  7
  ×   4  9
  ---------
      7  □  3
   □  4  8  0
  ---------
  □  □  □  3
```

(7)
```
      6  □
  ×   8  4
  ---------
      2  6  0
   □  □  0  0
  ---------
  □  □  6  0
```

(8)
```
      □  0
  ×   9  7
  ---------
      □  5  0
   4  5  □  0
  ---------
   4  □  □  0
```

문제 2 | 보기와 같이 곱셈을 하시오.

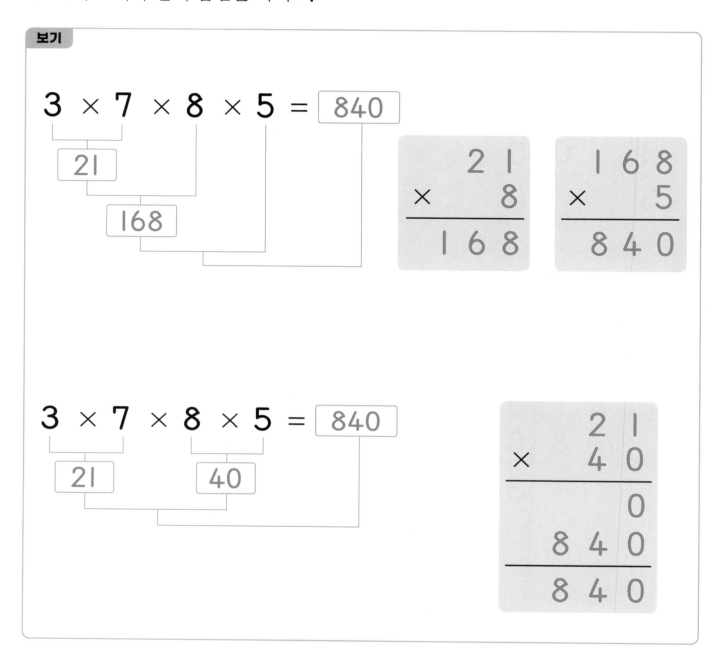

 **문제 2** 한 자리 수의 곱셈을 보기와 같이 곱하며 두 자리 수끼리의 곱셈을 연습한다. 아울러 연산법칙 가운데 하나인 곱셈의 결합법칙, 즉 (a×b)×c=a×(b×c)를 직관적으로 파악하기 위한 활동이다. 물론 이를 형식적으로 밝힐 필요는 없다. 5의 곱셈을 언제 하느냐에 따라 계산이 쉬워질 수 있음을 깨닫는 부수적인 효과를 거둘 수도 있다.

(1)

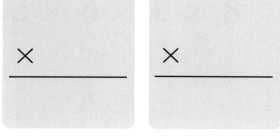

(2)

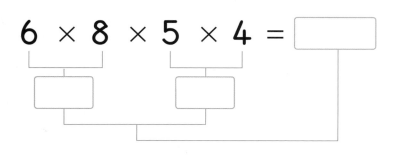

(3)

$$8 \times 8 \times 6 \times 5 = \boxed{}$$

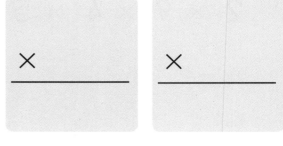

$$8 \times 8 \times 6 \times 5 = \boxed{}$$

(4)

$$4 \times 6 \times 5 \times 8 = \boxed{}$$

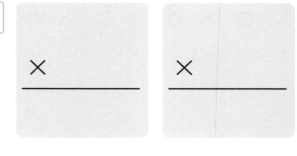

$$4 \times 6 \times 5 \times 8 = \boxed{}$$

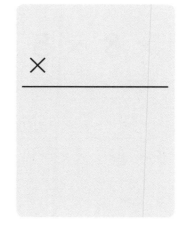

문제 3 | 문제를 읽고 식과 답을 쓰시오.

(1) 지민이가 훌라후프를 매일 65번씩 했다면
17일 동안 훌라후프를 모두 몇 번 했나요?

식:

답: _____

(2) 아기 코끼리의 무게가 39kg이라고 합니다. 엄마 코끼리의 무게는
아기 코끼리의 24배라면 엄마 코끼리의 무게는 얼마입니까?

식:

답: _____

 **문제 3** 곱셈이 적용되는 문제 상황에서 두 자리 수끼리의 곱셈을 익힌다. 마지막 문제 (4)는 앞의 직사각형 모델을 응용한 문제다.

(3) 밤이 한 상자에 53개씩 들어 있습니다.
86개의 상자에 들어 있는 밤은 모두 몇 개인가요?

식:

답: _____

(4) 빵 만드는 공장에서 사용하는 직사각형 모양의 판에 빵이
가로로 24개, 세로로 32개가 배열되어 있습니다. 전체 빵의 개수를 구하시오.

식:

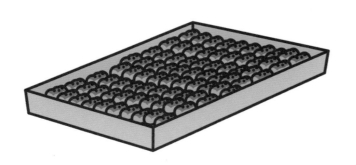

답: _____

2 한 자리 수의 나눗셈

나눗셈의 나머지

✏️ 공부한 날짜   월   일

문제 1 | 보기와 같이 나눗셈의 몫을 구하시오.

보기

$$8 ÷ 2 = \boxed{4}$$

$$2 × \boxed{4} = 8$$

(1)

$$6 ÷ 3 = \boxed{}$$

$$3 × \boxed{} = 6$$

(2)

$$12 ÷ 4 = \boxed{}$$

$$4 × \boxed{} = 12$$

(3)

$$16 ÷ 2 = \boxed{}$$

$$2 × \boxed{} = 16$$

(4)

$$35 ÷ 5 = \boxed{}$$

$$5 × \boxed{} = 35$$

(5)

$$54 ÷ 9 = \boxed{}$$

$$9 × \boxed{} = 54$$

문제 2 | 보기와 같이 곱셈과 나눗셈으로 나타내시오.

보기

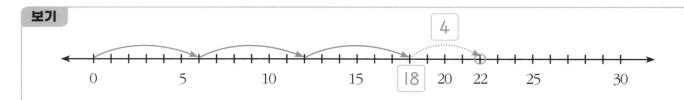

곱셈식 $6 × 3 + 4 = 22$

나눗셈식 $22 ÷ 6 = 3 \cdots \boxed{4}$

"나머지 4"라고 읽고
'…4'로 나타내요!

(1)

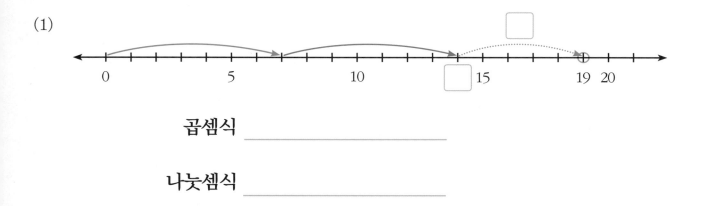

곱셈식 _____

나눗셈식 _____

(2)

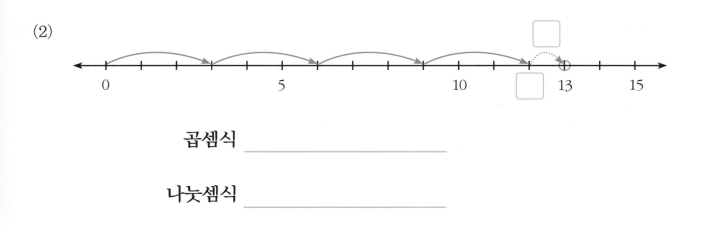

곱셈식 _____

나눗셈식 _____

(3)

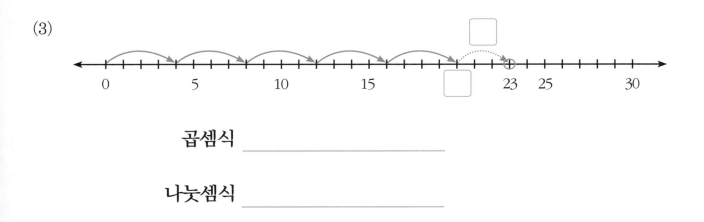

곱셈식 _____

나눗셈식 _____

 선생님만 보세요

문제 2 6권에 나오는 내용이지만, 『생각하는 초등연산』을 처음 접하는 학생을 배려해 출제한 문제다. 수직선 위의 뛰어세기를 곱셈식 과 나눗셈식으로 나타내며 나머지 개념을 눈으로 확인하고 이해한다. '나머지'라는 순우리말의 수학 용어가 '남은 수'를 뜻한다는 사실 을 어렵지 않게 받아들일 수 있다. 먼저 제시된 곱셈으로부터 나머지가 있는 나눗셈과 관련짓는다

(4)

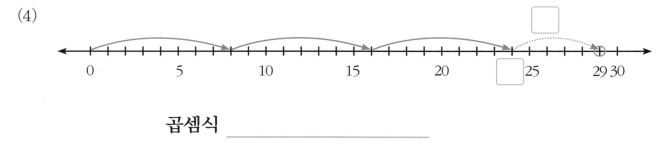

곱셈식 _____

나눗셈식 _____

(5)

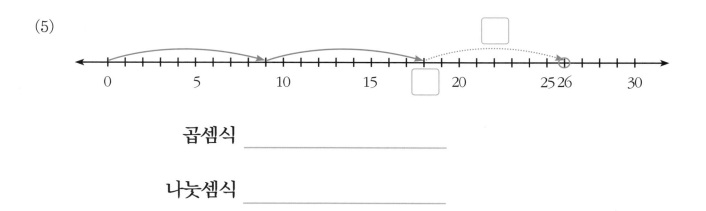

곱셈식 _____

나눗셈식 _____

문제 3 | 보기와 같이 그림에서 묶음을 표시하고 ☐ 안에 알맞은 수를 쓰시오.

사탕 9개를 2명이 똑같이 나누어 가질 때,
한 명의 몫과 남는 사탕의 개수를 구하시오.

9(개) $\div$ 2(명) $=$ ☐? (개) $\cdots$ ☐? (개)

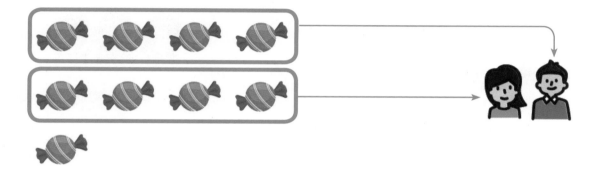

2(명) $\times$ 4 (개) $=$ 8(개)이므로 남는 개수는 1 (개)입니다.

나눗셈으로 나타내면 9(개) $\div$ 2(명) $=$ 4 (개) $\cdots$ 1 (개)입니다.

그러므로 한 명의 몫은 4 개이고 나머지는 1 개입니다.

나눗셈 식에서
나머지는 기호 '$\cdots$' 다음에 씁니다.
나머지가 없으면, 즉 나머지가
'0'이면 '나누어 떨어진다'고
합니다.

(1) 사탕 17개를 3명이 똑같이 나누어 가질 때,
한 명의 몫과 남는 사탕의 개수를 구하시오.

17(개) ÷ 3(명) = ? (개) ⋯ ? (개)

3(명) × ☐ (개) = 15(개)이므로 남는 개수는 ☐ (개)입니다.

나눗셈으로 나타내면 17(개) ÷ 3(명) = ☐ (개) ⋯ ☐ (개)입니다.

그러므로 한 명의 몫은 ☐ 개이고 나머지는 ☐ 개입니다.

(2) 사탕 21개를 4명이 똑같이 나누어 가질 때,
한 명의 몫과 남는 사탕의 개수를 구하시오.

21(개) $\div$ 4(명) $=$ ☐? (개) $\cdots$ ☐? (개)

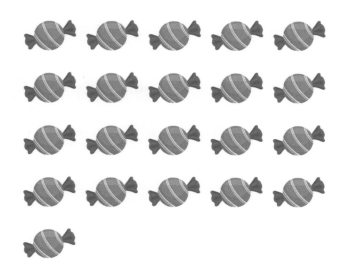

4(명) $\times$ ☐ (개) $= 20$(개)이므로 남는 개수는 ☐ (개)입니다.

나눗셈으로 나타내면 21(개) $\div$ 4(명) $=$ ☐ (개) $\cdots$ ☐ (개)입니다.

그러므로 한 명의 몫은 ☐ 개이고 나머지는 ☐ 개입니다.

⑶ 사탕 23개를 6명이 똑같이 나누어 가질 때,
    한 명의 몫과 남는 사탕의 개수를 구하시오.

23(개) **÷ 6**(명) **=** [?](개) ⋯ [?](개)

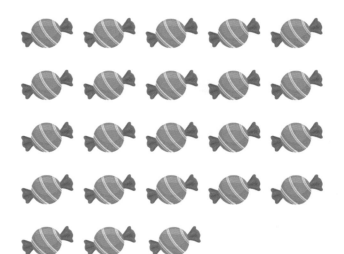

6(명) **×** [   ](개) **= 18**(개)이므로 남는 개수는 [   ](개)입니다.

나눗셈으로 나타내면 **23**(개) **÷ 6**(명) **=** [   ](개) ⋯ [   ](개)입니다.

그러므로 한 명의 몫은 [   ]개이고 나머지는 [   ]개입니다.

(4) 사탕 37개를 7명이 똑같이 나누어 가질 때,
한 명의 몫과 남는 사탕의 개수를 구하시오.

37(개) $\div$ 7(명) $=$ $\boxed{?}$ (개) $\cdots$ $\boxed{?}$ (개)

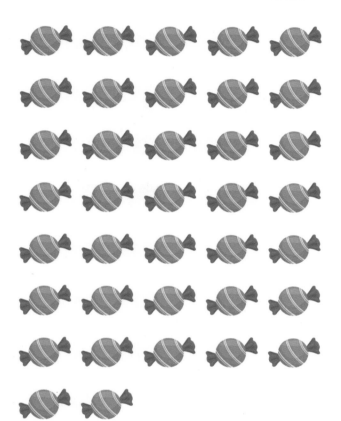

7(명) $\times$ $\boxed{}$ (개) $=35$(개)이므로 남는 개수는 $\boxed{}$ (개)입니다.

나눗셈으로 나타내면 37(개) $\div$ 7(명) $=$ $\boxed{}$ (개) $\cdots$ $\boxed{}$ (개)입니다.

그러므로 한 명의 몫은 $\boxed{}$ 개이고 나머지는 $\boxed{}$ 개입니다.

⑸ 사탕 43개를 8명이 똑같이 나누어 가질 때,
    한 명의 몫과 남는 사탕의 개수를 구하시오.

$$43(개) \div 8(명) = \boxed{?} (개) \cdots \boxed{?} (개)$$

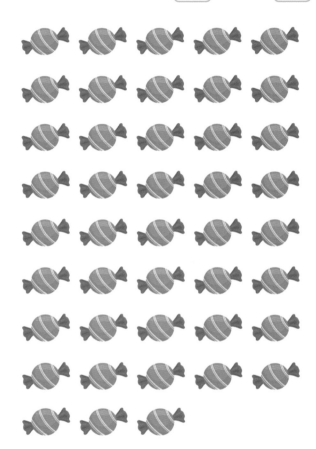

$8(명) \times \boxed{} (개) = 40(개)$이므로 남는 개수는 $\boxed{}$ (개)입니다.

나눗셈으로 나타내면 $43(개) \div 8(명) = \boxed{}$ (개) $\cdots \boxed{}$ (개)입니다.

그러므로 한 명의 몫은 $\boxed{}$개이고 나머지는 $\boxed{}$개입니다.

문제 4 | 보기와 같이 □ 안에 알맞은 수를 넣으시오.

보기

$7 \div 3 = \boxed{2} \cdots \boxed{1}$

몫이 $\boxed{2}$ 나머지는 $\boxed{1}$

$3 \times \boxed{2} + \boxed{1} = 7$

(1)

$6 \div 4 = \boxed{} \cdots \boxed{}$

몫이 $\boxed{}$ 나머지는 $\boxed{}$

$4 \times \boxed{} + \boxed{} = 6$

(2)

$12 \div 8 = \boxed{} \cdots \boxed{}$

몫이 $\boxed{}$ 나머지는 $\boxed{}$

$8 \times \boxed{} + \boxed{} = 12$

(3)

$27 \div 7 = \boxed{} \cdots \boxed{}$

몫이 $\boxed{}$ 나머지는 $\boxed{}$

$7 \times \boxed{} + \boxed{} = 27$

(4)

$39 \div 5 = \boxed{} \cdots \boxed{}$

몫이 $\boxed{}$ 나머지는 $\boxed{}$

$5 \times \boxed{} + \boxed{} = 39$

(5)

$43 \div 6 = \boxed{} \cdots \boxed{}$

몫이 $\boxed{}$ 나머지는 $\boxed{}$

$6 \times \boxed{} + \boxed{} = 43$

문제 4 〈문제 2〉에서 얻은 나머지 개념을 토대로 실제 나눗셈에서의 몫과 나머지를 구한다. 이때도 나눗셈이 곱셈의 역이라는 사실을 파악한다.

순서가 잘못되면 아이들만 힘들다

3학년 2학기 나눗셈의 학습 내용은 다음과 같다.

$77 \div 6 = \square$ $973 \div 4 = \square$ $2973 \div 8 = \square$

다시 말하면 3학년 2학기 나눗셈의 학습 목표는 두 자리 수와 세 자리 수에 대한 한 자리 수의 나눗셈 풀이를 습득하는 것이다. 그러면 네 자리 수 이상의 수에 대한 한 자리 수의 나눗셈도 저절로 해결할 수 있다. 그래서 『생각하는 초등연산』 7권의 제목이 '한 자리 수의 나눗셈'이다.

그런데 현장의 교사들은 아이들이 3학년 수학을 어려워한다고 입을 모은다. 특히 나눗셈은 분수와 함께 아이들이 가장 어려워하는 내용이라고 한다. 우리는 이미 『생각하는 초등연산』 6권 '나눗셈의 기초'에서 아이들이 1학기에 처음 나눗셈을 접하며 어떤 어려움을 겪으며 그 이유가 무엇인지에 대해 살펴본 바 있다. 그리고 이를 해결하기 위한 새로운 나눗셈 학습 방안을 6권의 핵심내용으로 구성하였다.

6권에 이어 7권 '한 자리 수의 나눗셈'도 같은 맥락에서 아이들이 어떤 어려움을 겪으며 그 이유가 무엇인지, 그리고 해결 방안까지 모색할 것이다.

우선 우리 아이들이 3학년 2학기의 나눗셈, 즉 한 자리 수로 나누는 나눗셈을 실제 어떤 내용과 순서로 학습하는지 살펴볼 필요가 있다. 교과서를 비롯하여 시중에 출간된 초등수학 교재를 분석한 결과, 대부분 공통적으로 다음 표에 제시된 것과 같은 순서를 따르고 있음을 확인할 수 있었다.

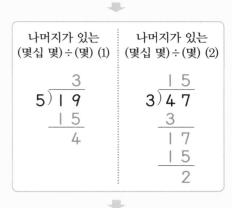

수도 있다. 그런데도 아이들이 어려워한다. 도대체 그 이유는 무엇일까?

위와 같은 2학기 나눗셈의 구성은 1학기와 마찬가지로, 이미 나눗셈이 무엇이며 어떻게 계산하는가를 알고 있는 어른들의 시각만을 반영한 것이기 때문이다. 다시 말하면, 이제 막 나눗셈 기호를 접하고 계산 절차를 학습해야 하는 아이들의 머릿속에서 어떤 사고가 진행되는가에 대해서는 전혀 배려하지 않은 구성이라는 것이다.

실제 3학년 2학기 교실에서 첫 번째 단계인 (1)의 나눗셈 70÷5을 실행할 때 다수의 아이들이 좌절하는 현상을 목격할 수 있다. 첫 단계에서 어려움을 겪은 아이들은 다음 단계인 (2)의 나눗셈 48÷3에서도 역시 힘들어한다. 그런데 이 아이들은 (1) 60÷3 (2) 36÷3과 같은 나눗셈을 실행할 때는 전혀 어려움을 겪지 않았다!

그렇다면 아이들은 나눗셈 70÷5, 48÷3과 처음에 제시한 나눗셈 60÷3, 36÷3을 다른 나눗셈으로 받아들인다는 자연스러운 추론이 가능하다. 실제 나눗셈을 실행해보면, 그 이유가 금방 드러난다.

각각을 단계별로 정리하면 다음과 같다.

(1) 첫 번째 단계 : (몇십)÷(몇) → 60÷3과 70÷5

(2) 두 번째 단계 : (몇십 몇)÷(몇) → 36÷3과 48÷3

(3) 세 번째 단계 : 나머지가 있는 (몇십 몇)÷(몇)
    → 19÷5와 47÷3

(4) 네 번째 단계 : (몇백)÷(몇)과 (몇백 몇십)÷(몇)
    → 300÷3과 560÷4

(5) 다섯 번째 단계 : 나머지가 있는 (몇백 몇십 몇)÷(몇)
    → 405÷4와 589÷3

피제수가 몇십에서부터 몇십 몇, 몇백, 몇백 몇십, 몇백 몇십 몇의 순서로 수의 크기가 점진적으로 늘어나고, 각각 먼저 '나머지가 없는 나눗셈'을 제시하고 이어서 '나머지가 있는 나눗셈'을 제시하였다. 언뜻 보면 나름 짜임새 있는 순서로 구성되어 있다고 여길

85

아이들이 어려움을 겪는 것은 '나머지' 때문이었다. 70÷5와 48÷3을 실행할 때 십의 자리 7을 5로 나누고 십의 자리 4를 3으로 나누는 과정에서 아이들은 당혹감을 느끼며 어찌할 바를 몰랐던 것이다. 이전까지 아이들은 나누어 떨어지는 나눗셈, 즉 나머지가 0인 나눗셈들만 경험했을 뿐 '나머지'를 들어본 적도 없었다.

교과서에서 나머지는 아래와 같이 그 다음 세 번째 단계인 나눗셈 19÷5에서 처음 등장한다.

19를 5로 나누면 몫은 3이고 4가 남습니다.
이때 4를 19÷5의 나머지라고 합니다.

19÷5=3···4

나머지가 없으면 나머지가 0이라고 말할 수 있습니다.
나머지가 0일 때, 나누어떨어진다고 합니다.

나누는 수
3 ← 몫
5)1 9 ← 나누어지는 수
1 5
4 ← 나머지

48÷3과 70÷5와 같이 나머지가 있는 나눗셈을 먼저 실행하게 하고 나서 뒤늦게 나머지가 무엇인지 알려주는 이런 어처구니없는 사태가 왜 벌어진 것일까? 그 이유를 추측해보면, 지금까지 초등학교의 나눗셈 교육과정을 구성해온 이들은 나눗셈에서의 나머지를 나눗셈의 최종 결과, 즉 계산의 답에서만 나타나는 것으로 착각하고 있음을 꼽을 수 있다. 그래서 나눗셈 70÷5를, 계산 결과가 '나머지가 없는 14'라고 간주하여 나머지가 등장하기 전인 두 번째 단계에서 제시했던 것이다. 계산 과정, 즉 7(실제로는 70)을 5로 나누는 과정에서 나머지 2(실제로는 20)가 나타나지

만, 이 역시도 나머지라는 사실을 간과했다고밖에 설명할 길이 없다.

그 결과 우리 아이들은 나머지를 배우지 못한 상태에서 '나머지가 나타나는 나눗셈'을 풀어야 하는 처지에 놓이게 되었고, 그래서 일부 아이들이 나눗셈에서 좌절할 수밖에 없는 상황이 초래된 것이다. 앞으로도 계속 이런 순서로 나눗셈을 제시한다면, 여전히 아이들은 나눗셈을 학습하며 어려움을 겪을 수밖에 없을 것이다.

그렇다면 해결 방안은 무엇일까? 간단하다. 나머지를 먼저 알려주면 된다. 『생각하는 초등연산』 6권 '나눗셈의 기초'의 마지막 부분에 나머지를 도입한 것도 그 때문이었다.

'나머지'를 알면 나눗셈이 보인다

3학년 1학기 나눗셈에 대한 교과서 내용은 다음과 같은 문제들로 구성되어 있었다.

21÷3=☐,　72÷8=☐,　36÷4=☐,
24÷8=☐,　54÷9=☐,　…

모두 21÷3=☐의 답을 3×☐=21과 같은 한 자리 수의 곱셈, 즉 곱셈구구에 의해 답을 쉽게 얻을 수 있

는 나머지가 0인 나눗셈, 즉 나누어 떨어지는 나눗셈들이었다.

하지만 여기서의 핵심내용은 나눗셈 '계산'이 아니다. 나눗셈 기호의 도입과 함께 나눗셈의 뜻, 즉 곱셈의 역으로 나눗셈을 이해하는 것에 초점을 두어야 한다. 『생각하는 초등연산』 6권 '나눗셈의 기초'는 이에 맞춰 내용을 구성하였다.

그렇다면 '나머지가 없는 나눗셈'에 바로 이어서 $77 \div 8 = \square$, $39 \div 4 = \square$, $21 \div 8 = \square$, $54 \div 8 = \square$, …와 같이 '나머지가 있는 나눗셈'을 함께 제시하지 않을 이유가 없으며, 이것이 『생각하는 초등연산』 6권의 마지막 내용이다. 따라서 6권에서 나눗셈을 처음 접한 아이라면 앞에서 지적한 교과서의 문제들을 자연스럽게 해결할 수 있다.

그러나 『생각하는 초등연산』 7권을 처음 접하는 아이들도 있을 것이기에, 7권의 첫 부분을 6권 복습과 더불어 나머지를 이해할 수 있는 내용으로 구성했다. 따라서 『생각하는 초등연산』 7권 '한 자리 수의 나눗셈'은 다음과 같은 순서로 이루어졌다.

첫 번째 단계 : 나머지가 있는 한 자리 수로 나누는 나눗셈 : $9 \div 2 = \square$, $12 \div 5 = \square$

두 번째 단계 : 두 자리 수를 한 자리 수로 나누는 나눗셈(1) : $39 \div 3 = \square$, $37 \div 3 = \square$

세 번째 단계 : 두 자리 수를 한 자리 수로 나누는 나눗셈(2) : $48 \div 3 = \square$, $47 \div 3 = \square$

네 번째 단계 : 세 자리 수를 한 자리 수로 나누는 나눗셈(1) : $372 \div 4 = \square$, $417 \div 9 = \square$

다섯 번째 단계 : 세 자리 수를 한 자리 수로 나누는 나눗셈(2) : $148 \div 7 = \square$, $186 \div 3 = \square$

첫 번째 단계에서 나머지를 도입하지만, 기계적인 계산이 아닌 나머지가 발생하는 문제 상황에서 나머지 개념에 대한 이해가 먼저 이루어지도록 다음과 같은 활동을 제시한다.

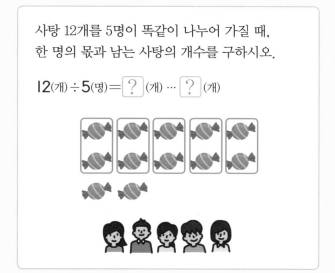

이어서 나눗셈이 곱셈의 역이라는 것을 알려주기 위한 곱셈식도 학습할 수 있게 다음과 같은 식으로 나타내게 하였다.

$$12 \div 5 = 2 \cdots 2 \rightarrow 5 \times 2 + 2 = 12$$

두 번째와 세 번째 단계에서는 두 자리 수를 한 자리 수로 나누는 나눗셈을 제시한다. 이때 각 단계는 십의 자리에서 나머지가 없는 경우와 나머지가 있는 경우로 분류하였다. 교과서와 같이 나눗셈의 결과에 나타나는 나머지가 아니라, 계산의 중간과정에 나타나는 나머지에 주목한 것이다.

$39 \div 3 = \boxed{}$, $37 \div 3 = \boxed{}$ → $48 \div 3 = \boxed{}$, $47 \div 3 = \boxed{}$

네 번째와 다섯 번째 단계에서는 세 자리 수를 한 자리 수로 나누는 나눗셈을 제시한다. 그런데 여기서는 백과 십의 자리에서 나머지가 있는 경우를 먼저 다루고 나머지가 없는 경우를 그 후에 다루었다. 나머지 개념이 충분히 형성되었다면, 나머지가 없는 나눗셈은 나머지가 있는 나눗셈의 특별한 예이기 때문이다. 일반적인 것에서 특수한 사례를 다루는 것이 보다 더 쉽다는 학습 전략에 따른 것이다.

$372 \div 4 = \boxed{}$, $417 \div 9 = \boxed{}$ → $148 \div 7 = \boxed{}$, $186 \div 3 = \boxed{}$

이와 같은 단계 구성은 아이들의 사고 과정을 면밀히 관찰한 후에 그 결과를 토대로 이루어진 것이다.

🖊 공부한 날짜   월   일

문제 1 | 보기와 같이 ☐ 안에 알맞은 수를 넣으시오.

(1)

$15 \div 6 = \boxed{} \cdots \boxed{}$

몫이 $\boxed{}$ 나머지는 $\boxed{}$

$6 \times \boxed{} + \boxed{} = 15$

(2)

$39 \div 7 = \boxed{} \cdots \boxed{}$

몫이 $\boxed{}$ 나머지는 $\boxed{}$

$7 \times \boxed{} + \boxed{} = 39$

(3)

$26 \div 5 = \boxed{} \cdots \boxed{}$

몫이 $\boxed{}$ 나머지는 $\boxed{}$

$5 \times \boxed{} + \boxed{} = 26$

(4)

$47 \div 8 = \boxed{} \cdots \boxed{}$

몫이 $\boxed{}$ 나머지는 $\boxed{}$

$8 \times \boxed{} + \boxed{} = 47$

선생님만 보세요 **문제 1** 나머지가 있는 나눗셈을 곱셈식으로 나타내며 앞 차시를 복습한다.

문제 2 | 보기와 같이 ☐ 안에 알맞은 식과 수를 넣으시오.

보기

$$75 \div 8 = \boxed{9} \cdots \boxed{3}$$

$$\begin{array}{r} \boxed{9} \\ 8\,\overline{)\,75} \\ \boxed{7}\ \boxed{2} \leftarrow \boxed{8 \times 9} \\ \hline \boxed{3} \end{array}$$

$$8 \times \boxed{9} + \boxed{3} = 75$$

(1)
$$35 \div 8 = \boxed{} \cdots \boxed{}$$

$$\begin{array}{r} \boxed{} \\ 8\,\overline{)\,35} \\ \boxed{}\ \boxed{} \leftarrow \boxed{} \\ \hline \boxed{} \end{array}$$

$$8 \times \boxed{} + \boxed{} = 35$$

(2)
$$47 \div 7 = \boxed{} \cdots \boxed{}$$

$$\begin{array}{r} \boxed{} \\ 7\,\overline{)\,47} \\ \boxed{}\ \boxed{} \leftarrow \boxed{} \\ \hline \boxed{} \end{array}$$

$$7 \times \boxed{} + \boxed{} = 47$$

(3)
$$39 \div 4 = \boxed{} \cdots \boxed{}$$

$$\begin{array}{r} \boxed{} \\ 4\,\overline{)\,39} \\ \boxed{}\ \boxed{} \leftarrow \boxed{} \\ \hline \boxed{} \end{array}$$

$$4 \times \boxed{} + \boxed{} = 39$$

 선생님만 보세요   **문제 2** 나머지가 있는 나눗셈을 가로식과 세로식의 형태로 나타내고 이를 다시 곱셈으로 나타내면서 수학식의 다양한 표현을 익힌다.

(4)

$$23 \div 5 = \boxed{} \cdots \boxed{}$$

$$5 \overline{\smash{)}\,23}$$

$\boxed{} \boxed{} \leftarrow \boxed{}$

$\boxed{}$

$$5 \times \boxed{} + \boxed{} = 23$$

(5)

$$35 \div 6 = \boxed{} \cdots \boxed{}$$

$$6 \overline{\smash{)}\,35}$$

$\boxed{} \boxed{} \leftarrow \boxed{}$

$\boxed{}$

$$6 \times \boxed{} + \boxed{} = 35$$

(6)

$$59 \div 8 = \boxed{} \cdots \boxed{}$$

$$8 \overline{\smash{)}\,59}$$

$\boxed{} \boxed{} \leftarrow \boxed{}$

$\boxed{}$

$$8 \times \boxed{} + \boxed{} = 59$$

(7)

$$78 \div 9 = \boxed{} \cdots \boxed{}$$

$$9 \overline{\smash{)}\,78}$$

$\boxed{} \boxed{} \leftarrow \boxed{}$

$\boxed{}$

$$9 \times \boxed{} + \boxed{} = 78$$

문제 3 | 보기와 같이 나눗셈을 하고 곱셈식으로 나타내시오.

보기

$$20 \div 6 = 3 \cdots 2$$

```
      3
  6 ) 2 0
    | 1 8
    ─────
        2
```

곱셈식 $6 \times 3 + 2 = 20$

(1) $48 \div 5 =$

곱셈식 _____

(2) $11 \div 3 =$

곱셈식 _____

(3) $25 \div 9 =$

곱셈식 _____

 **선생님만 보세요**   **문제 3** 앞의 문제와 같이 나머지가 있는 나눗셈을 세로식에서 해결하고 곱셈으로 나타낸다.

(4)
$$10 \div 6 =$$

곱셈식 _____

(5)
$$52 \div 7 =$$

곱셈식 _____

(6)
$$63 \div 8 =$$

곱셈식 _____

(7)
$$23 \div 4 =$$

곱셈식 _____

✏️ 공부한 날짜 　 월 　 일

문제 1 | 다음 나눗셈의 몫과 나머지를 구하고 곱셈식으로 나타내시오.

(1) $35 \div 4 =$ 　 ⋯

$$4 \overline{)3\ 5}$$

곱셈식 ＿＿＿＿＿＿＿＿＿

(2) $52 \div 8 =$ 　 ⋯

$$8 \overline{)5\ 2}$$

곱셈식 ＿＿＿＿＿＿＿＿＿

(3) $70 \div 9 =$ 　 ⋯

$$9 \overline{)7\ 0}$$

곱셈식 ＿＿＿＿＿＿＿＿＿

(4) $49 \div 6 =$ 　 ⋯

$$6 \overline{)4\ 9}$$

곱셈식 ＿＿＿＿＿＿＿＿＿

선생님만 보세요 　 **문제 1** 나머지가 있는 몫이 한 자리 수인 나눗셈을 세로식에서 해결하고 곱셈으로 나타내는 앞 차시의 복습이다.

문제 2 | 보기와 같이 나눗셈을 하고 곱셈식으로 나타내시오.

보기

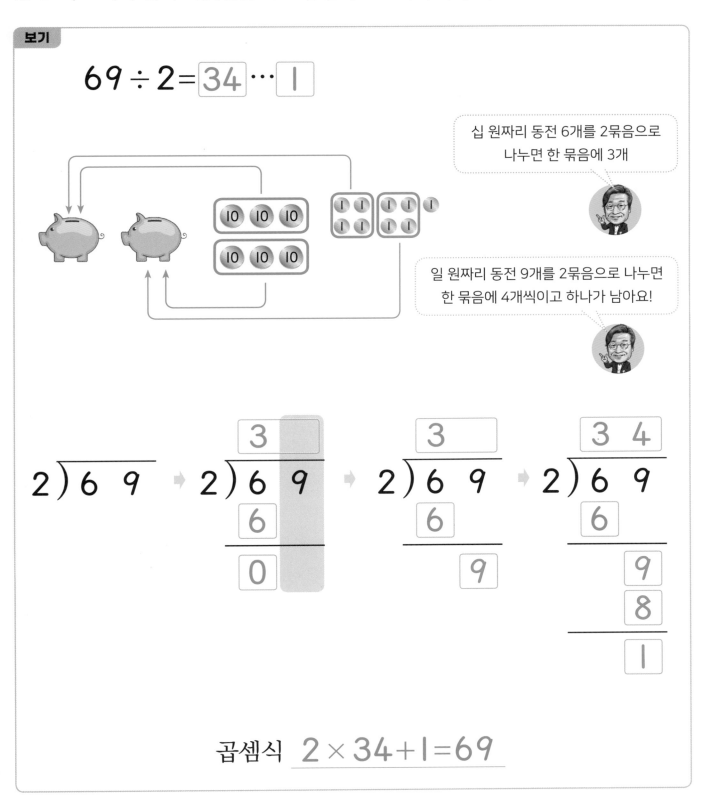

$$69 \div 2 = \boxed{34} \cdots \boxed{1}$$

십 원짜리 동전 6개를 2묶음으로 나누면 한 묶음에 3개

일 원짜리 동전 9개를 2묶음으로 나누면 한 묶음에 4개씩이고 하나가 남아요!

곱셈식 $2 \times 34 + 1 = 69$

 **선생님만 보세요**

문제 2 두 자리 수의 나눗셈에서 몫이 두 자리 수인 나눗셈을 해결해야 한다. 보기에서와 같이 십의 자리 수 6(=60)을 2로 나누는 상황은, 동전 모델을 사용하여 십 원짜리 6개를 두 묶음으로 하여 한 묶음에 3개(즉 30원)라는 것을 파악하게 한다. 일의 자리도 같은 방식으로 동전을 이용하여 나머지가 있는 경우와 없는 경우를 모두 경험한다. 나누는 과정에서 나머지가 없는 경우, 즉 나누어 떨어지는 경우에는 0을 넣거나 빈칸으로 놓아둔다.

(1) 95 ÷ 3 = ☐ ··· ☐

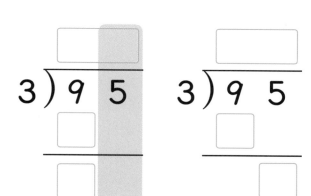

곱셈식 _____

(2) 85 ÷ 2 = ☐ ··· ☐

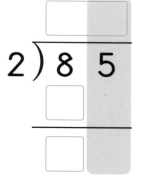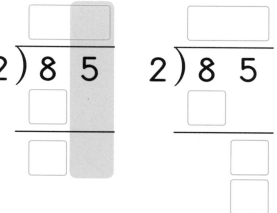

곱셈식 _____

(3) 87 ÷ 4 = ☐ ··· ☐

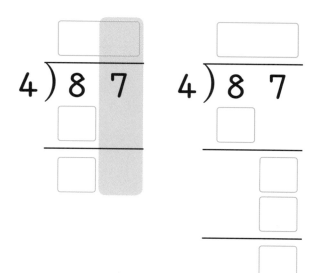

곱셈식 _____

(4) 69 ÷ 3 = ☐ ··· ☐

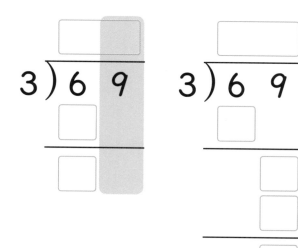

곱셈식 _____

(5) $62 \div 2 = \boxed{} \cdots \boxed{}$

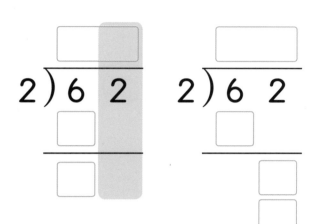

곱셈식 _____

(6) $79 \div 7 = \boxed{} \cdots \boxed{}$

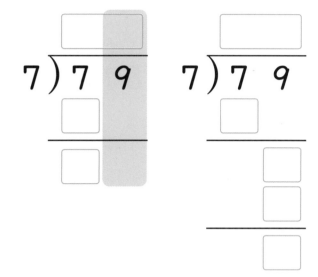

곱셈식 _____

(7) $59 \div 5 = \boxed{} \cdots \boxed{}$

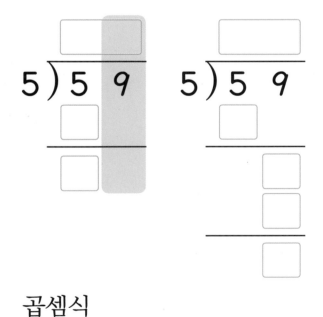

곱셈식 _____

(8) $47 \div 2 = \boxed{} \cdots \boxed{}$

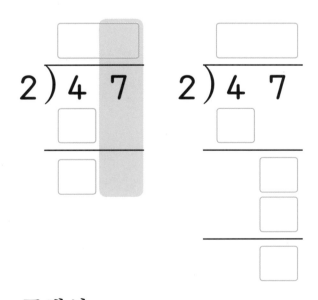

곱셈식 _____

(9) $83 \div 8 =$ ☐ ⋯ ☐

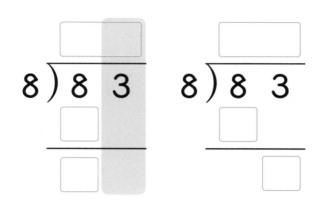

곱셈식 _____

(10) $92 \div 3 =$ ☐ ⋯ ☐

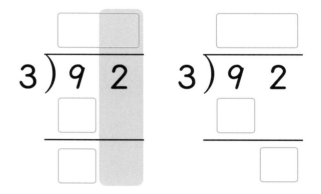

곱셈식 _____

(11) $80 \div 2 =$ ☐ ⋯ ☐

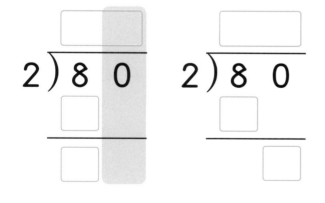

곱셈식 _____

(12) $70 \div 7 =$ ☐ ⋯ ☐

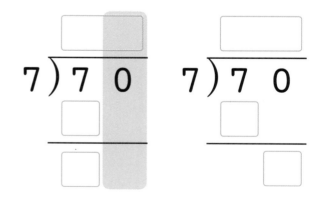

곱셈식 _____

문제 3 | 보기와 같이 나눗셈을 하고 곱셈식으로 나타내시오.

보기

$$65 \div 3 = 21 \cdots 2$$

$$
\begin{array}{r}
2\,1 \\
3\,)\overline{6\,5} \\
\underline{6} \\
5 \\
\underline{3} \\
2
\end{array}
$$

곱셈식 $3 \times 21 + 2 = 65$

(1) $69 \div 2 = \qquad \cdots$

$$2\,)\overline{6\quad 9}$$

곱셈식 _____

(2) $89 \div 8 = \qquad \cdots$

$$8\,)\overline{8\quad 9}$$

곱셈식 _____

(3) $84 \div 4 = \qquad \cdots$

$$4\,)\overline{8\quad 4}$$

곱셈식 _____

선생님만 보세요 **문제 3** 두 자리의 수의 나눗셈에서 몫이 두 자리 수인 나눗셈을 세로식에서 해결하고 곱셈으로 나타낸다. 십의 자리에서 나머지가 없 없는 나눗셈이다.

⑷ $98 \div 3 =$ ⋯

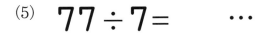

$$3 \overline{)\, 9 \ 8}$$

곱셈식 _____

⑸ $77 \div 7 =$ ⋯

$$7 \overline{)\, 7 \ 7}$$

곱셈식 _____

⑹ $81 \div 2 =$ ⋯

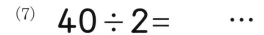

$$2 \overline{)\, 8 \ 1}$$

곱셈식 _____

⑺ $40 \div 2 =$ ⋯

$$2 \overline{)\, 4 \ 0}$$

곱셈식 _____

문제 1 | 나눗셈을 하고 곱셈식으로 나타내시오.

(1) $65 \div 3 =$ ⋯

3) 6 5

곱셈식 _____

(2) $47 \div 4 =$ ⋯

4) 4 7

곱셈식 _____

(3) $61 \div 6 =$ ⋯

6) 6 1

곱셈식 _____

(4) $83 \div 4 =$ ⋯

4) 8 3

곱셈식 _____

 **문제 1** 나머지가 있는 몫이 한 자리 또는 두 자리인 나눗셈을 세로식에서 해결하고 곱셈으로 나타내는 앞 차시의 복습이다.

문제 2 | 보기와 같이 나눗셈을 하고 곱셈식으로 나타내시오.

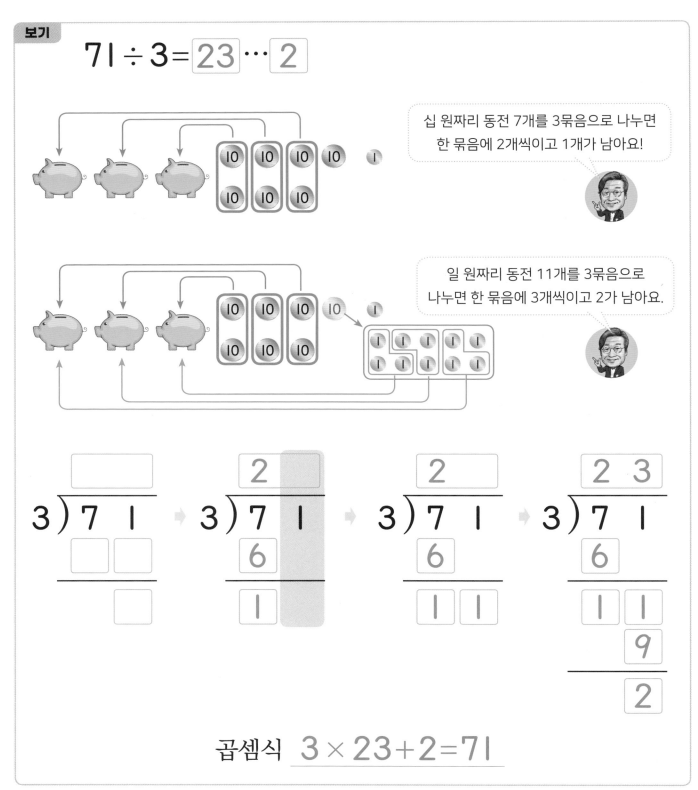

곱셈식 $3 \times 23 + 2 = 71$

문제 2 두 자리의 수의 나눗셈에서 몫이 두 자리 수인 나눗셈을 해결해야 한다. 보기에서와 같이 십의 자리 수 7을 3으로 나누는 상황은, 동전모델을 사용하여 십 원짜리 7개를 한 묶음에 2개(즉, 20원)씩 세 묶음으로 묶고 나머지가 1개의 십 원짜리 동전이라는 것을 파악한다. 그 다음에 십 원짜리 동전 한 개와 일 원짜리 동전 1개를 11개의 일 원짜리 동전으로 바꾸어 3으로 나누는 받아내림에 의해 나눗셈을 실행한다. 나누는 과정에서 나머지가 없는 경우, 즉 나누어 떨어지는 경우에는 0을 넣거나 빈칸으로 놓아둔다.

(1) $73 \div 2 =$ ⬜ ⋯ ⬜

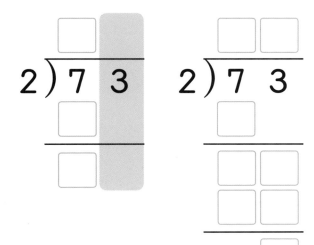

곱셈식 _____

(2) $71 \div 3 =$ ⬜ ⋯ ⬜

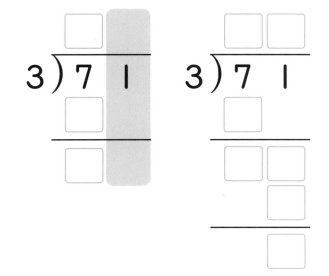

곱셈식 _____

(3) $85 \div 5 =$ ⬜ ⋯ ⬜

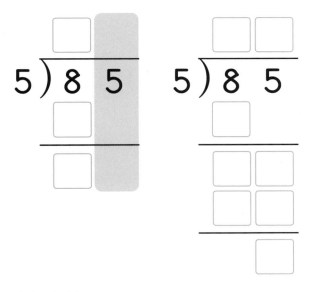

곱셈식 _____

(4) $97 \div 2 =$ ⬜ ⋯ ⬜

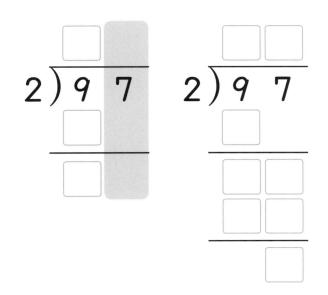

곱셈식 _____

⁽⁵⁾ 82 ÷ 7 = ☐ … ☐

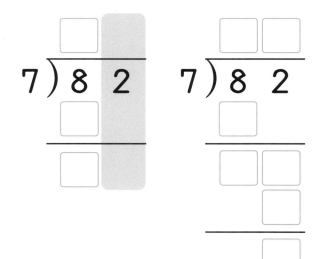

곱셈식 _____

⁽⁶⁾ 76 ÷ 4 = ☐

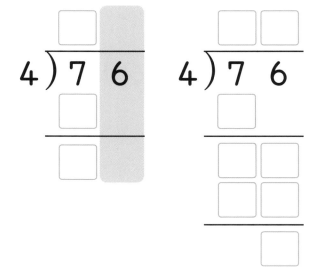

곱셈식 _____

⁽⁷⁾ 83 ÷ 6 = ☐ … ☐

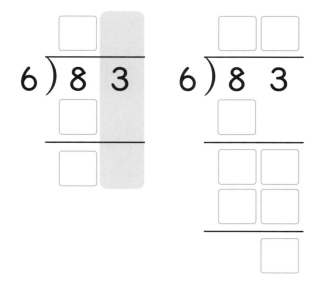

곱셈식 _____

⁽⁸⁾ 97 ÷ 8 = ☐ … ☐

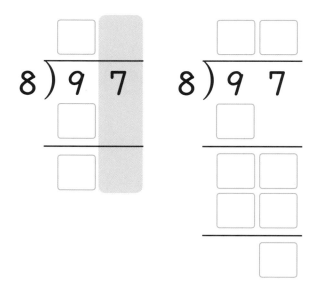

곱셈식 _____

(9) $80 \div 3 = \boxed{} \cdots \boxed{}$

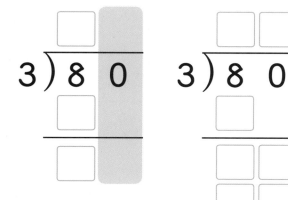

곱셈식 _____

(10) $90 \div 4 = \boxed{} \cdots \boxed{}$

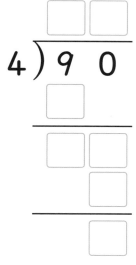

곱셈식 _____

(11) $70 \div 2 = \boxed{}$

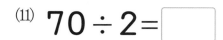
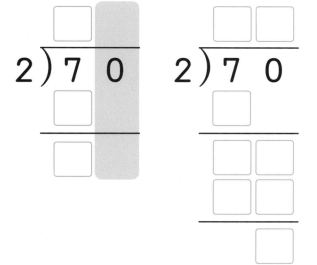

곱셈식 _____

(12) $90 \div 7 = \boxed{} \cdots \boxed{}$

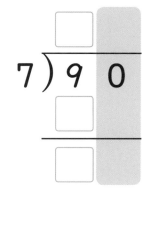
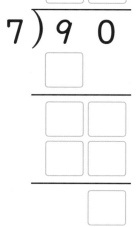

곱셈식 _____

문제 3 | 보기와 같이 나눗셈을 하고 곱셈식으로 나타내시오.

보기

$$89 \div 7 = 12 \cdots 5$$

$$
\begin{array}{r}
1\ 2 \\
7\overline{)8\ 9} \\
7 \\
\hline
1\ 9 \\
1\ 4 \\
\hline
5
\end{array}
$$

곱셈식 $7 \times 12 + 5 = 89$

⑴ $59 \div 2 = \cdots$

$$
2\overline{)5\ 9}
$$

곱셈식 _____

⑵ $83 \div 7 = \cdots$

$$
7\overline{)8\ 3}
$$

곱셈식 _____

⑶ $81 \div 3 = \cdots$

$$
3\overline{)8\ 1}
$$

곱셈식 _____

 **선생님만 보세요** **문제 3** 두 자리의 수의 나눗셈에서 몫이 두 자리 수인 나눗셈을 세로식에서 해결하고 곱셈으로 나타낸다. 단, 십의 자리 수를 나눌 때 나머지가 있다.

(4) $95 \div 4 =$　　⋯

곱셈식 _____

(5) $80 \div 7 =$　　⋯

$7 \overline{)80}$

곱셈식 _____

(6) $30 \div 2 =$　　⋯

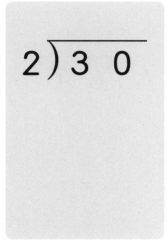

곱셈식 _____

(7) $70 \div 3 =$　　⋯

$3 \overline{)70}$

곱셈식 _____

✏ 공부한 날짜　　월　　일

문제 1 | 나눗셈을 하고 곱셈식으로 나타내시오.

(1) $97 \div 2 =$ 　　$\cdots$

$$2\overline{)9\,7}$$

곱셈식 _____

(1) $83 \div 3 =$ 　　$\cdots$

$$3\overline{)8\,3}$$

곱셈식 _____

(3) $90 \div 7 =$ 　　$\cdots$

$$7\overline{)9\,0}$$

곱셈식 _____

(4) $60 \div 4 =$ 　　$\cdots$

$$4\overline{)6\,0}$$

곱셈식 _____

 선생님만 보세요 　　**문제 1** 몫이 두 자리 수인 두 자리 수의 나눗셈 복습이다

(5) $95 \div 3 =$ ⋯

곱셈식 _____

(6) $64 \div 2 =$ ⋯

2) 6 4

곱셈식 _____

(7) $65 \div 3 =$ ⋯

곱셈식 _____

(8) $84 \div 2 =$ ⋯

2) 8 4

곱셈식 _____

문제 2 | 보기와 같이 나눗셈을 하고 곱셈식으로 나타내시오.

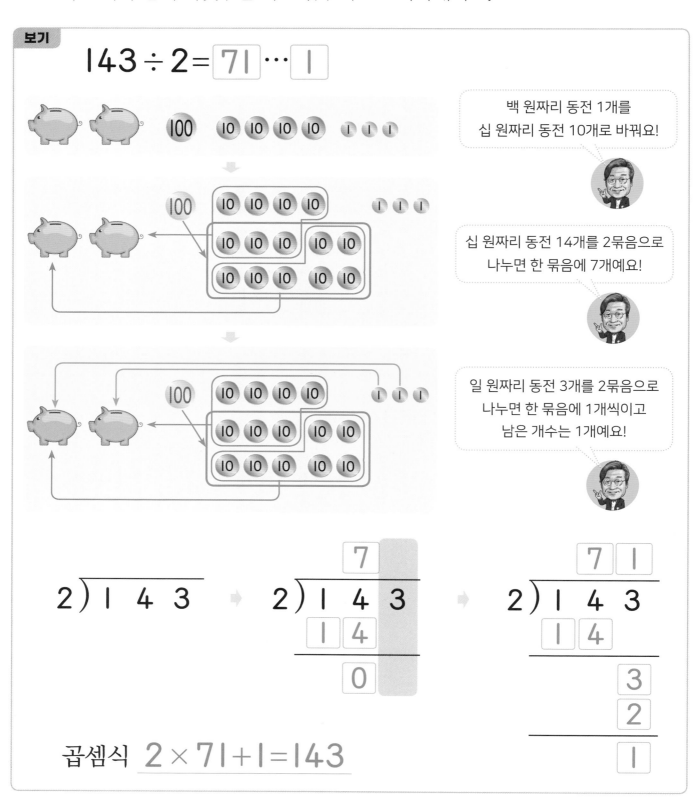

보기

$$143 \div 2 = \boxed{71} \cdots \boxed{1}$$

백 원짜리 동전 1개를
십 원짜리 동전 10개로 바꿔요!

십 원짜리 동전 14개를 2묶음으로
나누면 한 묶음에 7개예요!

일 원짜리 동전 3개를 2묶음으로
나누면 한 묶음에 1개씩이고
남은 개수는 1개예요!

곱셈식 $2 \times 71 + 1 = 143$

 선생님만 보세요   **문제 2** 세 자리 수를 한 자리 수로 나누는 나눗셈이다. 예를 들어 143÷2에서 140을 2로 나눌 때, 나머지가 없는 것부터 시작한다.

110

(1) $217 \div 3 = \boxed{} \cdots \boxed{}$

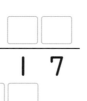

곱셈식 _____

(2) $569 \div 7 = \boxed{} \cdots \boxed{}$

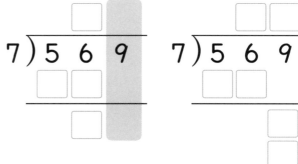

곱셈식 _____

(3) $186 \div 2 = \boxed{} \cdots \boxed{}$

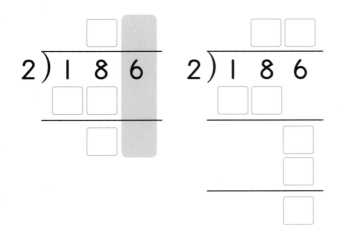

곱셈식 _____

(4) $127 \div 4 = \boxed{} \cdots \boxed{}$

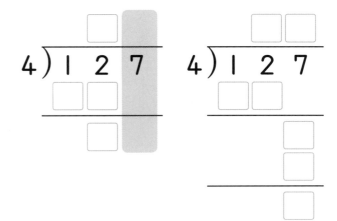

곱셈식 _____

(5) $726 \div 9 = \boxed{} \cdots \boxed{}$

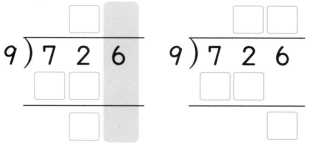

곱셈식 _____

(6) $493 \div 7 = \boxed{} \cdots \boxed{}$

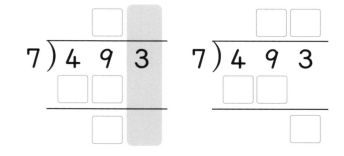

곱셈식 _____

(7) $305 \div 6 = \boxed{} \cdots \boxed{}$

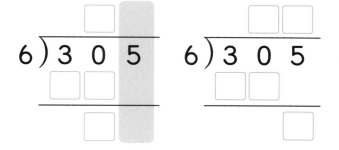

곱셈식 _____

(8) $201 \div 5 = \boxed{} \cdots \boxed{}$

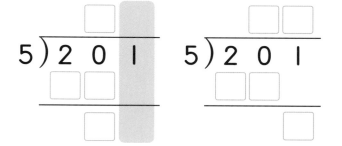

곱셈식 _____

(9) 640 ÷ 8 = ☐ ⋯ ☐

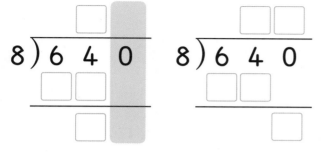

곱셈식 _____

(10) 270 ÷ 3 = ☐ ⋯ ☐

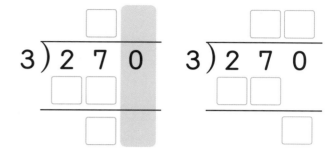

곱셈식 _____

(11) 400 ÷ 8 = ☐ ⋯ ☐

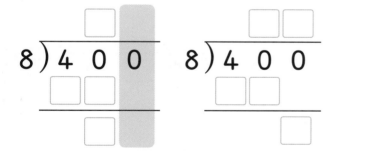

곱셈식 _____

(12) 300 ÷ 5 = ☐ ⋯ ☐

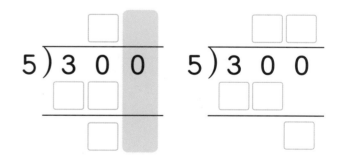

곱셈식 _____

문제 3 | 보기와 같이 나눗셈을 하고 곱셈식으로 나타내시오.

보기

$$157 \div 3 = 52 \cdots 1$$

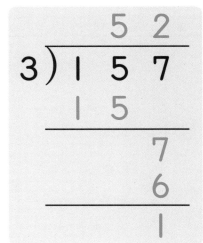

곱셈식 $3 \times 52 + 1 = 156$

(1) $457 \div 5 = \qquad \cdots$

$$5\overline{)457}$$

곱셈식 _____

(2) $149 \div 2 = \qquad \cdots$

$$2\overline{)149}$$

곱셈식 _____

(3) $248 \div 4 = \qquad \cdots$

$$4\overline{)248}$$

곱셈식 _____

 **선생님만 보세요**　　**문제 3** [문제 2]의 세 자리 수를 한 자리 수로 나누는 나눗셈을 세로식에서 연습하며 나눗셈 절차를 완전히 익힌다.

(4) $127 \div 3 =$ $\quad\cdots$

$3\overline{)127}$

곱셈식 _____

(5) $104 \div 5 =$ $\quad\cdots$

$5\overline{)104}$

곱셈식 _____

(6) $630 \div 9 =$ $\quad\cdots$

$9\overline{)630}$

곱셈식 _____

(7) $420 \div 7 =$ $\quad\cdots$

$7\overline{)420}$

곱셈식 _____

✎ 공부한 날짜   월   일

문제 1 | 보기와 같이 나눗셈을 하고 곱셈식으로 나타내시오.

(1) $167 \div 2 =$ $\quad\cdots$

$$2 \overline{)\,1\ 6\ 7}$$

곱셈식 _____

(2) $309 \div 6 =$ $\quad\cdots$

$$6 \overline{)\,3\ 0\ 9}$$

곱셈식 _____

(3) $400 \div 5 =$ $\quad\cdots$

$$5 \overline{)\,4\ 0\ 0}$$

곱셈식 _____

(4) $160 \div 4 =$ $\quad\cdots$

$$4 \overline{)\,1\ 6\ 0}$$

곱셈식 _____

 선생님만 보세요   **문제 1** 몫이 두 자리 수인 세 자리 수의 나눗셈 복습이다.

116

문제 2 | 보기와 같이 나눗셈을 하고 곱셈식으로 나타내시오.

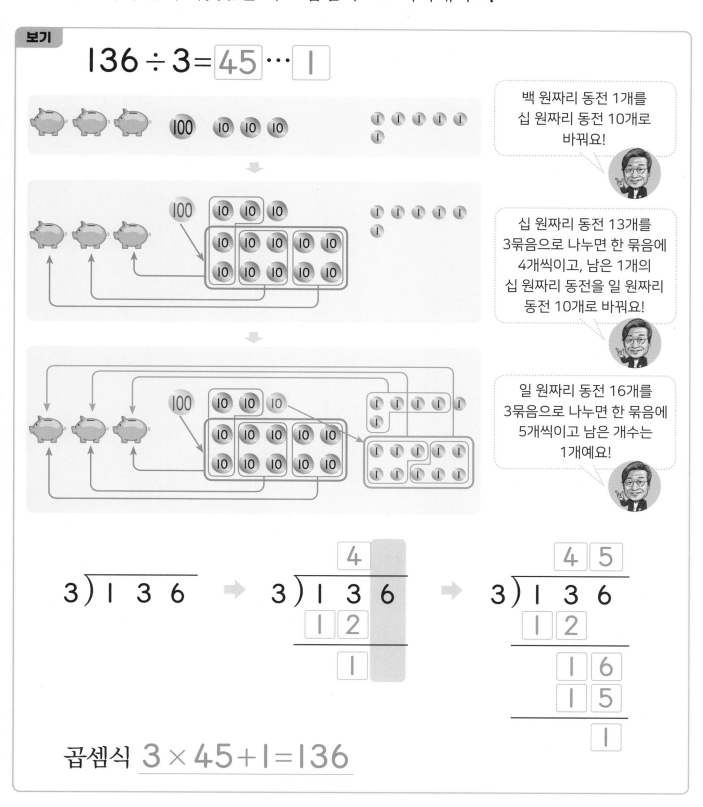

곱셈식 $3 \times 45 + 1 = 136$

 **선생님만 보세요** **문제 2** 세 자리 수를 한 자리 수로 나누는 나눗셈이다. 앞 차시와 다른 것은, 예를 들어 136÷3에서 130을 3으로 나눌 때, 나머지 10 이 나타난다는 점이다. 보기 그림에 제시된 동전 모델에 의해 받아내림의 과정을 파악하면서 세로셈을 익힌다.

(1) $139 \div 4 = \boxed{} \cdots \boxed{}$

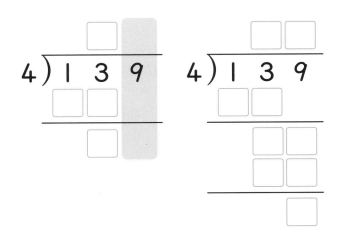

곱셈식 _____

(2) $172 \div 5 = \boxed{} \cdots \boxed{}$

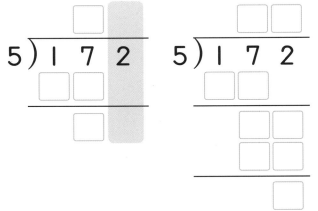

곱셈식 _____

(3) $196 \div 2 = \boxed{} \cdots \boxed{}$

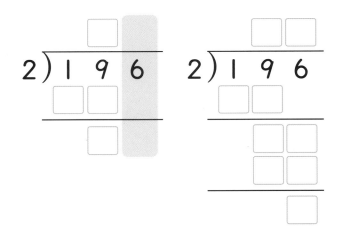

곱셈식 _____

(4) $384 \div 5 = \boxed{} \cdots \boxed{}$

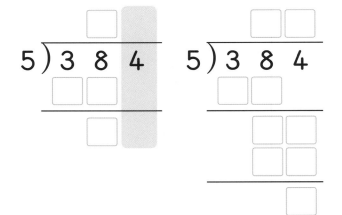

곱셈식 _____

(5) 531 ÷ 9 = □ ··· □

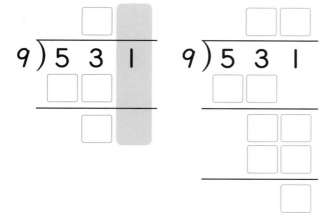

곱셈식 _____

(6) 102 ÷ 7 = □ ··· □

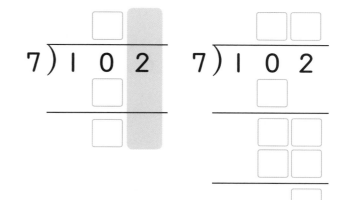

곱셈식 _____

(7) 605 ÷ 9 = □ ··· □

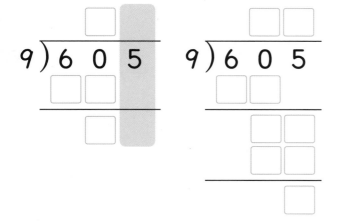

곱셈식 _____

(8) 260 ÷ 3 = □ ··· □

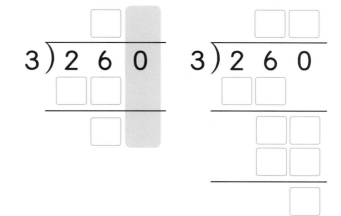

곱셈식 _____

(9) 230 ÷ 6 = □ … □

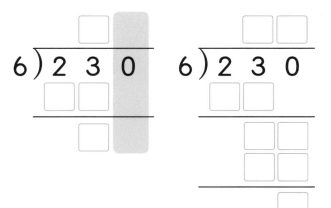

곱셈식 _____

(10) 120 ÷ 8 = □ … □

8)120   8)120

곱셈식 _____

(11) 305 ÷ 7 = □ … □

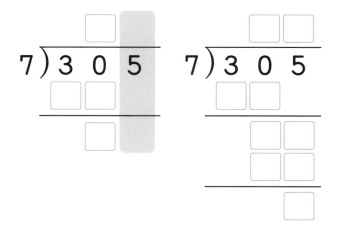

곱셈식 _____

(12) 100 ÷ 4 = □ … □

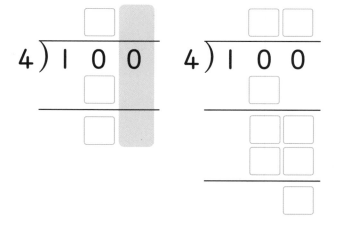

곱셈식 _____

문제 3 | 보기와 같이 나눗셈을 하고 곱셈식으로 나타내시오.

보기

$$175 \div 3 = 58 \cdots 1$$

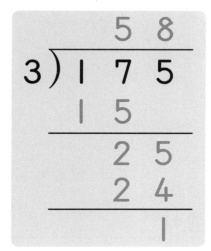

곱셈식 $3 \times 58 + 1 = 175$

(1) $137 \div 2 = \qquad \cdots$

$$2 \overline{)\ 1\ 3\ 7}$$

곱셈식 _____

(2) $354 \div 8 = \qquad \cdots$

$$8 \overline{)\ 3\ 5\ 4}$$

곱셈식 _____

(3) $623 \div 7 = \qquad \cdots$

$$7 \overline{)\ 6\ 2\ 3}$$

곱셈식 _____

 선생님만 보세요 **문제 3** 〈문제 2〉의 세 자리 수를 한 자리 수로 나누는 나눗셈을 세로식에서 연습하며 나눗셈 절차를 완전히 익힌다.

(4) $419 \div 5 =$ $\quad \cdots$

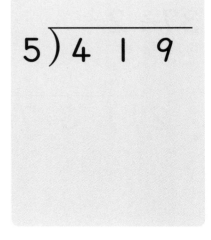

곱셈식 _____

(5) $372 \div 4 =$ $\quad \cdots$

$4\overline{)372}$

곱셈식 _____

(6) $509 \div 6 =$ $\quad \cdots$

곱셈식 _____

(7) $410 \div 9 =$ $\quad \cdots$

곱셈식 _____

세 자리 수의 나눗셈 (3)

✎ 공부한 날짜   월   일

문제 1 | 보기와 같이 나눗셈을 하시오.

보기

$$123 \div 8 = 15 \cdots 3$$

```
      1 5
  8 ) 1 2 3
      8
    ─────
      4 3
      4 0
    ─────
        3
```

(1) $259 \div 4 = \quad \cdots$

```
  4 ) 2 5 9
```

(2) $483 \div 5 = \quad \cdots$

```
  5 ) 4 8 3
```

(3) $500 \div 6 = \quad \cdots$

```
  6 ) 5 0 0
```

(4) $187 \div 5 =$ $\cdots$

$$5\overline{)187}$$

(5) $469 \div 7 =$ $\cdots$

$$7\overline{)469}$$

(6) $610 \div 9 =$ $\cdots$

$$9\overline{)610}$$

(7) $363 \div 4 =$ $\cdots$

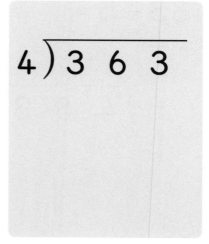

문제 1 몫이 두 자리 수인 세 자리 수의 나눗셈 복습이다.

문제 2 | 보기와 같이 첫번째 나눗셈과 나머지가 같은 나눗셈을 모두 고르시오.

보기

$21 \div 2$ $57 \div 4$ $73 \div 5$ $82 \div 3$ $98 \div 7$

(1)

$68 \div 5$ $75 \div 6$ $47 \div 4$ $120 \div 7$ $59 \div 3$

(2)

$92 \div 3$ $76 \div 5$ $107 \div 5$ $300 \div 4$ $98 \div 6$

(3)

$306 \div 6$ $141 \div 6$ $400 \div 8$ $119 \div 7$ $248 \div 9$

선생님만 보세요   **문제 2** 지금까지 배운 나눗셈 복습이다.

(4)

$431 \div 7$

$406 \div 6$

$600 \div 9$

$209 \div 5$

$125 \div 8$

(5)

$109 \div 2$

$130 \div 9$

$505 \div 8$

$439 \div 6$

$200 \div 7$

(6)

$308 \div 4$

$900 \div 4$

$207 \div 5$

$133 \div 3$

$711 \div 9$

(7)

$250 \div 8$

$346 \div 7$

$428 \div 6$

$542 \div 9$

$253 \div 5$

문제 3 | 문제를 읽고 식으로 나타내어 답을 쓰시오.

(1) 색테이프 84cm를 7cm씩 똑같이 자르면 몇 조각을 만들 수 있을까요?

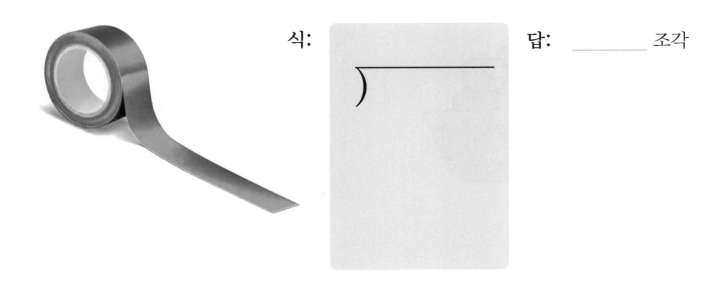

식:

답: _____ 조각

(2) 마스크 150장을 6장씩 똑같이 나누어 주려고 합니다.
    모두 몇 명에게 줄 수 있을까요?

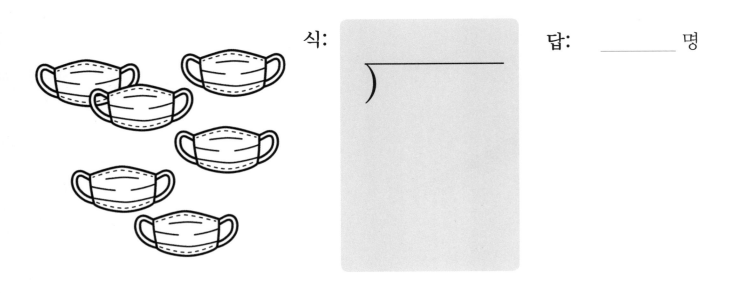

식:

답: _____ 명

 선생님만 보세요   **문제 3** 나눗셈이 적용되는 문제 상황을 식으로 나타내고 답을 구한다.

(3) 사과가 600개 있습니다. 한 바구니에 8개씩 똑같이 담는다면
   바구니는 몇 개 필요할까요?

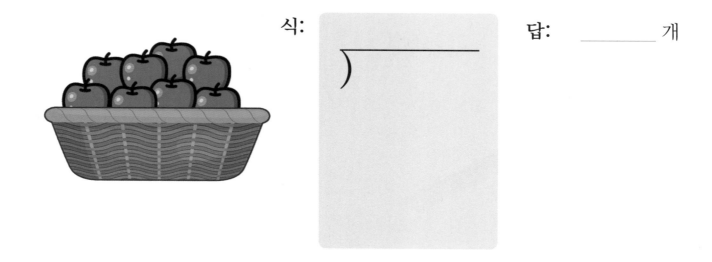

식:

답: _____ 개

문제 4 | 문제를 읽고 식과 답을 쓰시오.

(1) 색테이프 78cm를 4cm씩 똑같이 자르면 몇 조각이 만들어지고
   몇 cm가 남을까요?

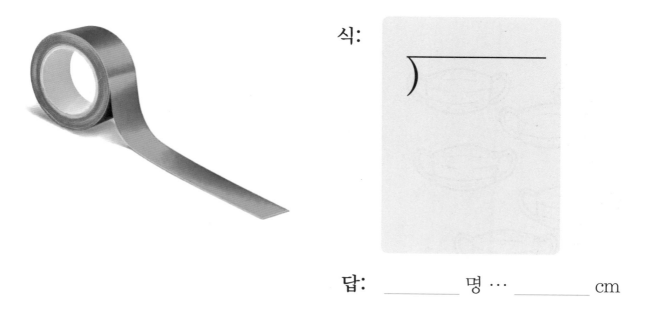

식:

답: _____ 명 … _____ cm

선생님만 보세요   **문제 4** 나눗셈이 적용되는 문제 상황을 식으로 나타내고 답을 구한다. 앞의 문제와 같지만 나머지가 있다.

128

(2) 마스크 139장을 3장씩 똑같이 나누어 주려고 합니다. 모두 몇 명에게 주고 몇 장이 남을까요?

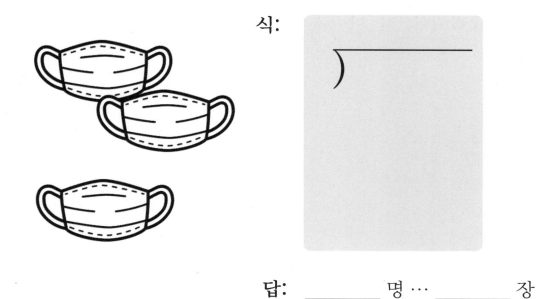

식:

답: _____ 명 … _____ 장

(3) 빵이 500개 있습니다. 7개씩 똑같이 나누어주면 모두 몇 명에게 나누어 주고 몇 개의 빵이 남을까요?

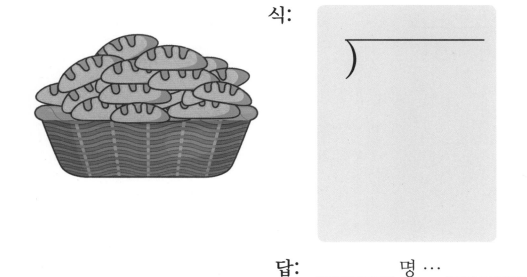

식:

답: _____ 명 … _____ 개

✏ 공부한 날짜　　　월　　　일

문제 1 | 나눗셈을 하고 곱셈식으로 나타내시오.

(1) $375 \div 4 =$　　⋯

$$4\overline{)3\ 7\ 5}$$

곱셈식 ＿＿＿＿＿＿＿＿＿

(2) $413 \div 6 =$　　⋯

$$6\overline{)4\ 1\ 3}$$

곱셈식 ＿＿＿＿＿＿＿＿＿

(3) $648 \div 7 =$　　⋯

$$7\overline{)6\ 4\ 8}$$

곱셈식 ＿＿＿＿＿＿＿＿＿

(4) $356 \div 6 =$　　⋯

$$6\overline{)3\ 5\ 6}$$

곱셈식 ＿＿＿＿＿＿＿＿＿

 선생님만 보세요　　**문제 1** 몫이 두 자리 수인 나눗셈 복습이다.

문제 2 | 보기와 같이 나눗셈을 하고 곱셈식으로 나타내시오.

보기

$$436 \div 3 = \boxed{145} \cdots \boxed{1}$$

$$
\begin{array}{r}
3\,)\,4\ 3\ 6
\end{array}
\Rightarrow
\begin{array}{r}
\boxed{1} \\
3\,)\,4\ \boxed{3}\ \boxed{6} \\
\boxed{3} \\
\hline
\boxed{1}
\end{array}
\Rightarrow
\begin{array}{r}
\boxed{1}\ \boxed{4} \\
3\,)\,4\ 3\ \boxed{6} \\
\boxed{3} \\
\hline
\boxed{1}\ \boxed{3} \\
\boxed{1}\ \boxed{2} \\
\hline
\boxed{1}
\end{array}
\Rightarrow
\begin{array}{r}
\boxed{1}\ \boxed{4}\ \boxed{5} \\
3\,)\,4\ 3\ 6 \\
\boxed{3} \\
\hline
\boxed{1}\ \boxed{3} \\
\boxed{1}\ \boxed{2} \\
\hline
\boxed{1}\ \boxed{6} \\
\boxed{1}\ \boxed{5} \\
\hline
\boxed{1}
\end{array}
$$

곱셈식 $3 \times 145 + 1 = 436$

선생님만 보세요 **문제 2** 몫이 세 자리 수인 세 자리 수의 나눗셈이다. 앞 차시의 계산 절차와 다르지 않다.

(1)

$742 \div 3 = \boxed{} \cdots \boxed{}$

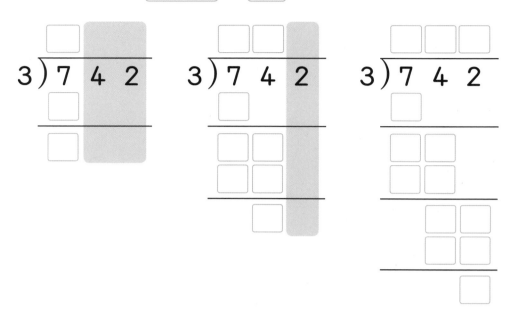

곱셈식 _____

(2)

$958 \div 4 = \boxed{} \cdots \boxed{}$

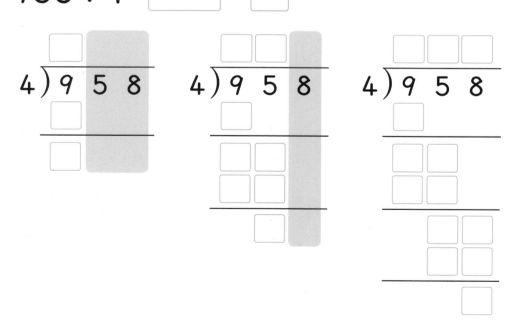

곱셈식 _____

(3) $865 \div 5 = \boxed{} \cdots \boxed{}$

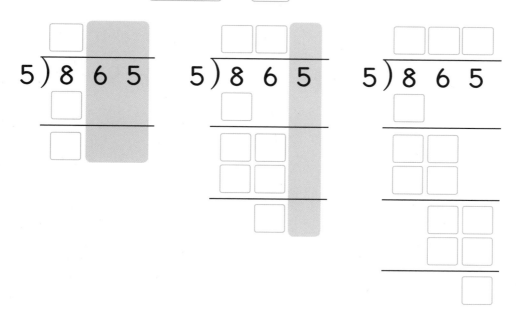

곱셈식 _____

(4) $971 \div 2 = \boxed{} \cdots \boxed{}$

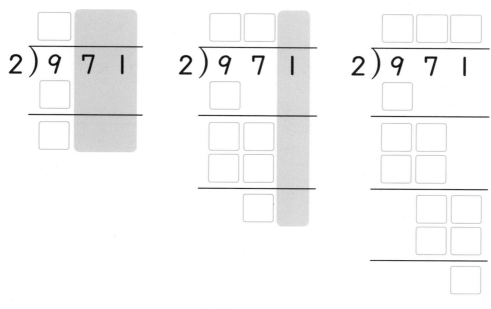

곱셈식 _____

(5) $719 \div 2 = \boxed{} \cdots \boxed{}$

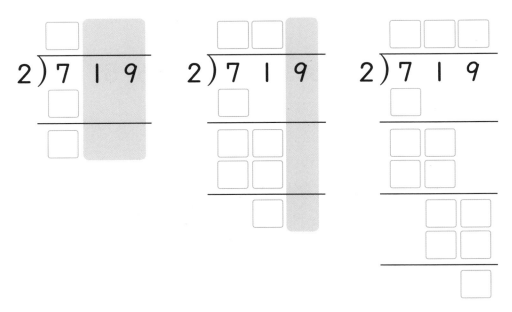

곡셈식 _____

(6) $825 \div 3 = \boxed{} \cdots \boxed{}$

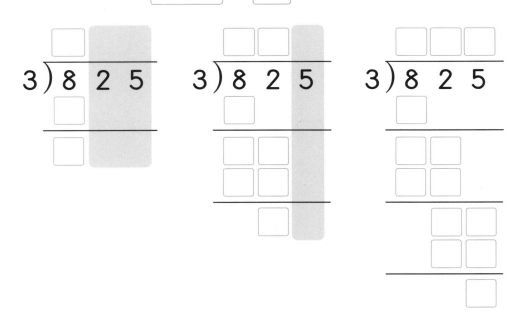

곡셈식 _____

(7) 704 ÷ 6 = ☐ ··· ☐

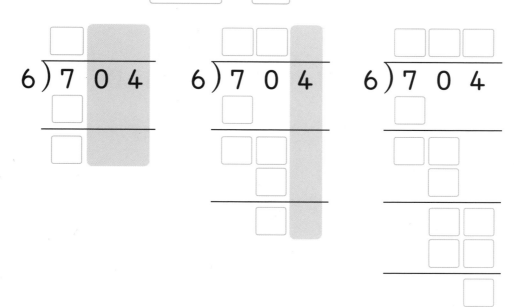

곱셈식 _____

(8) 903 ÷ 7 = ☐ ··· ☐

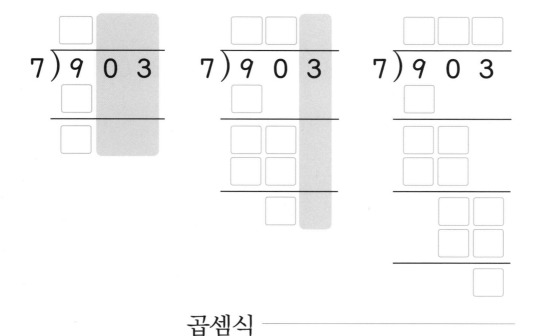

곱셈식 _____

(9) 710 ÷ 3 = ☐ ··· ☐

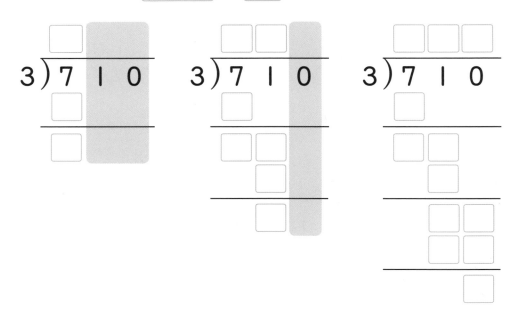

곱셈식 _____

(10) 530 ÷ 2 = ☐ ··· ☐

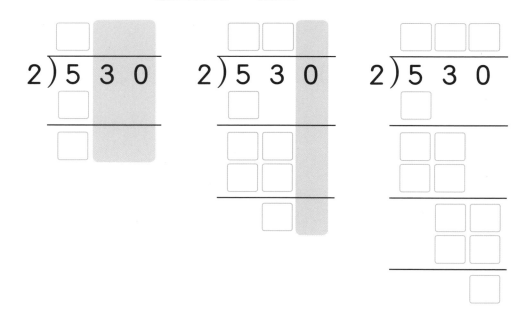

곱셈식 _____

(11)

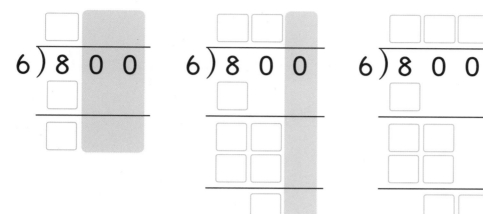

$$800 \div 6 = \boxed{} \cdots \boxed{}$$

곱셈식 _____

(12)

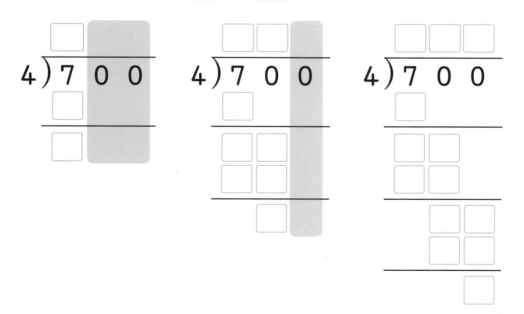

$$700 \div 4 = \boxed{} \cdots \boxed{}$$

곱셈식 _____

문제 3 | 보기와 같이 나눗셈을 하시오.

$$746 \div 3 = 248 \cdots 2$$

```
      2 4 8
  3 ) 7 4 6
      6
    ─────
      | 4
      | 2
    ─────
        2 6
        2 4
      ─────
          2
```

(1)

$$795 \div 2 = \qquad \cdots$$

```
  2 ) 7 9 5
```

(2) $947 \div 7 =$ $\quad$ …

$7 \overline{)9\ 4\ 7}$

(3) $907 \div 4 =$ $\quad$ …

$4 \overline{)9\ 0\ 7}$

(4) $930 \div 2 =$ $\quad$ …

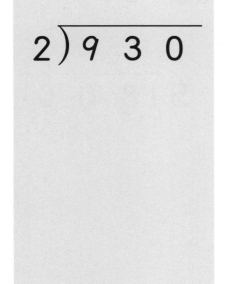

$2 \overline{)9\ 3\ 0}$

(5) $700 \div 3 =$ $\quad$ …

$3 \overline{)7\ 0\ 0}$

(6) $845 \div 6 =$ $\quad$ $\cdots$

$$6 \overline{)\,8\ 4\ 5\,}$$

(7) $910 \div 7 =$ $\quad$ $\cdots$

$$7 \overline{)\,9\ 1\ 0\,}$$

(8) $600 \div 4 =$ $\quad$ $\cdots$

$$4 \overline{)\,6\ 0\ 0\,}$$

(9) $800 \div 5 =$ $\quad$ $\cdots$

$$5 \overline{)\,8\ 0\ 0\,}$$

✏️ 공부한 날짜　　월　　일

문제 1 | 나눗셈을 하고 곱셈식으로 나타내시오.

(1)

$819 \div 3 = \qquad \cdots$

$$3)\overline{819}$$

곱셈식 _____

(2)

$705 \div 2 = \qquad \cdots$

$$2)\overline{705}$$

곱셈식 _____

선생님만 보세요　　**문제 1** 몫이 세 자리 수인 세 자리 수의 나눗셈 복습이다.

⑶ $900 \div 5 =$ ...

$$5 \overline{)9\ 0\ 0}$$

곱셈식 _____

문제 2 | 보기와 같이 알맞은 수를 빈칸에 넣으시오.

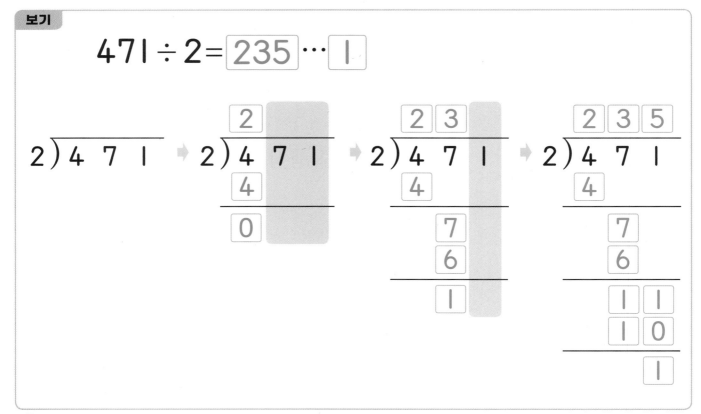

$$471 \div 2 = \boxed{235} \cdots \boxed{1}$$

**문제 2** 몫이 세 자리 수인 세 자리 수의 나눗셈이다. 백의 자리에 있던 나머지가 없으므로 계산 절차가 오히려 더 단순하다. 앞 차시의 특별한 경우다.

(1) 683 ÷ 3 = ☐ ··· ☐

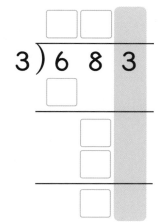

(2) 875 ÷ 2 = ☐ ··· ☐

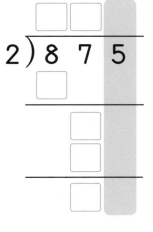
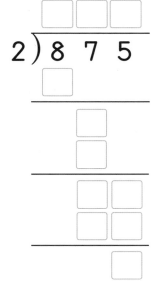

(3) $791 \div 7 =$ ☐ $\cdots$ ☐

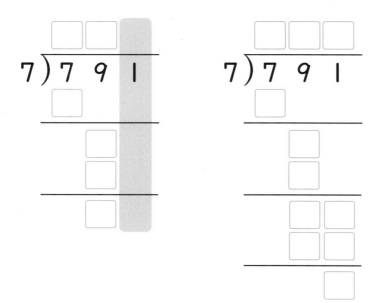

(4) $572 \div 5 =$ ☐ $\cdots$ ☐

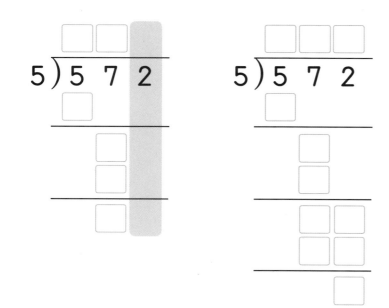

(5) $896 \div 4 = \boxed{} \cdots \boxed{}$

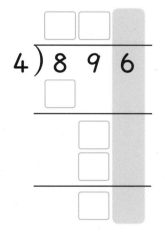 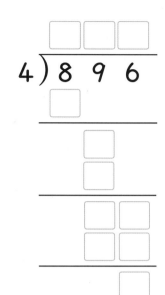

(6) $493 \div 2 = \boxed{} \cdots \boxed{}$

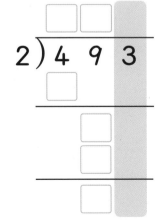 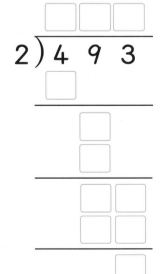

(7) 680 ÷ 6 = ☐ … ☐

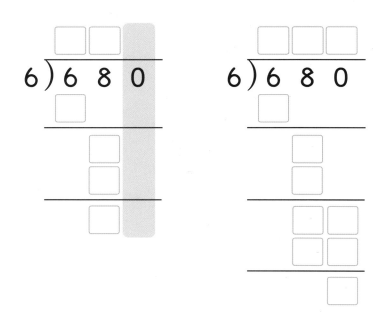

(8) 630 ÷ 2 = ☐ … ☐

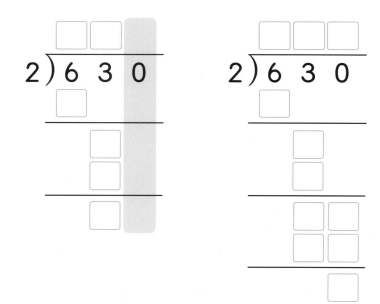

(9)　$914 \div 3 =$ ☐ ⋯ ☐

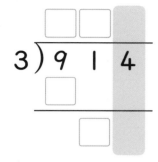

(10)　$756 \div 7 =$ ☐ ⋯ ☐

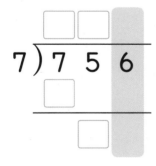
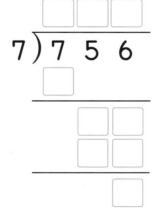

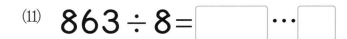

(11) $863 \div 8 = \boxed{} \cdots \boxed{}$

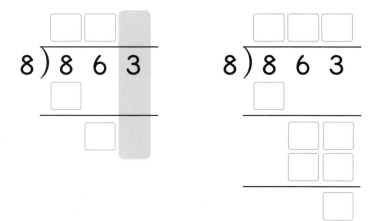

(12) $620 \div 3 = \boxed{} \cdots \boxed{}$

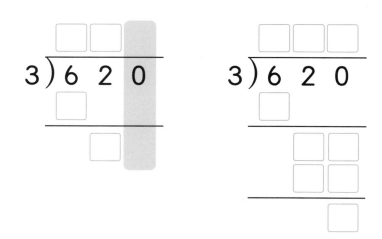

(13) $610 \div 2 =$ ☐ ⋯ ☐

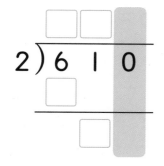

(14) $810 \div 4 =$ ☐ ⋯ ☐

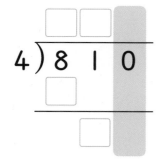
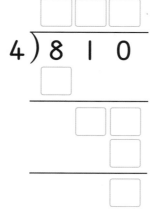

문제 3 | 보기와 같이 나눗셈을 하시오.

보기

$$647 \div 3 = 215 \cdots 2$$

```
        2 1 5
    3 ) 6 4 7
        6
        ────
          4
          3
        ────
          1 7
          1 5
        ────
            2
```

(1) $568 \div 5 = \qquad \cdots$

```
    5 ) 5 6 8
```

(2) $891 \div 4 = \qquad \cdots$

```
    4 ) 8 9 1
```

(3) $985 \div 3 = \qquad \cdots$

```
    3 ) 9 8 5
```

 선생님만 보세요   **문제 3** 몫이 세 자리 수인 세 자리 수의 나눗셈을 완성한다.

(4) **870 ÷ 2 =** ⋯

$$2 \overline{)\; 8 \quad 7 \quad 0}$$

(5) **790 ÷ 7 =** ⋯

$$7 \overline{)\; 7 \quad 9 \quad 0}$$

(6) **940 ÷ 9 =** ⋯

$$9 \overline{)\; 9 \quad 4 \quad 0}$$

(7) **630 ÷ 6 =** ⋯

$$6 \overline{)\; 6 \quad 3 \quad 0}$$

(8) $870 \div 8 =$ $\qquad$ $\cdots$

```
   8 ) 8 7 0
```

(9) $608 \div 2 =$ $\qquad$ $\cdots$

```
   2 ) 6 0 8
```

(10) $805 \div 4 =$ $\qquad$ $\cdots$

```
   4 ) 8 0 5
```

(11) $908 \div 9 =$ $\qquad$ $\cdots$

```
   9 ) 9 0 8
```

10 일차 네 자리 수의 나눗셈

✎ 공부한 날짜 월 일

문제 1 | 보기와 같이 나눗셈을 하고 곱셈식으로 나타내시오.

보기

$631 \div 4 = 157 \cdots 3$

$$\begin{array}{r} 157 \\ 4\overline{)631} \\ 4 \\ \hline 23 \\ 20 \\ \hline 31 \\ 28 \\ \hline 3 \end{array}$$

곱셈식 $4 \times 157 + 3 = 631$

(1)

$872 \div 3 = \qquad \cdots$

$$3\overline{)872}$$

곱셈식 ______________

선생님만 보세요 **문제 1** 몫이 세 자리 수인 세 자리 수의 나눗셈 복습이다.

⑵ **943 ÷ 7 =**   …

$$7 \overline{)\,9\ 4\ 3}$$

곱셈식 _____

⑶ **738 ÷ 4 =**   …

$$4 \overline{)\,7\ 3\ 8}$$

곱셈식 _____

⑷ **952 ÷ 5 =**   …

$$5 \overline{)\,9\ 5\ 2}$$

곱셈식

⑸ **519 ÷ 2 =**   …

$$2 \overline{)\,5\ 1\ 9}$$

곱셈식

문제 2 | 보기와 같이 나눗셈을 하시오.

보기

$$1531 \div 4 = 382 \cdots 3$$

```
        3 8 2
  4 ) 1 5 3 1
      1 2
      ─────
        3 3
        3 2
        ─────
          1 1
            8
          ─────
            3
```

(1) $1784 \div 3 =$ $\cdots$

```
  3 ) 1 7 8 4
```

(2) $2973 \div 8 =$ $\cdots$

```
  8 ) 2 9 7 3
```

(3) $3917 \div 4 =$ $\cdots$

```
  4 ) 3 9 1 7
```

문제 2 몫이 세 자리 수인 네 자리 수의 나눗셈이다. 계산 절차는 다르지 않다.

(4) $1572 \div 6 =$ ···

$$6\overline{)1\ 5\ 7\ 2}$$

(5) $4263 \div 5 =$ ···

$$5\overline{)4\ 2\ 6\ 3}$$

(6) $6405 \div 7 =$ ···

$$7\overline{)6\ 4\ 0\ 5}$$

(7) $2309 \div 3 =$ ···

$$3\overline{)2\ 3\ 0\ 9}$$

(8) $5086 \div 9 =$ ⋯

$$9\overline{)5086}$$

(9) $1035 \div 2 =$ ⋯

$$2\overline{)1035}$$

(10) $7002 \div 8 =$ ⋯

$$8\overline{)7002}$$

(11) $3000 \div 4 =$ ⋯

$$4\overline{)3000}$$

문제 3 | 보기와 같이 나눗셈을 하시오.

보기

$$5742 \div 4 = 1435 \cdots 2$$

```
        1 4 3 5
   4 ) 5 7 4 2
       4
       1 7
       1 6
           1 4
           1 2
               2 2
               2 0
                   2
```

(1)

$$7619 \div 3 = \qquad \cdots$$

```
   3 ) 7 6 1 9
```

선생님만 보세요 **문제 3** 몫이 네 자리 수인 네 자리 수의 나눗셈이다. 계산 절차는 다르지 않다.

(2)

$9876 \div 8 = \qquad \cdots$

$$8 \overline{)\, 9 \; 8 \; 7 \; 6 \;}$$

(3)

$9435 \div 4 = \qquad \cdots$

$$4 \overline{)\, 9 \; 4 \; 3 \; 5 \;}$$

(4)

6394 ÷ 2 =　　　…

$$2 \overline{)6\ 3\ 9\ 4}$$

(5)

5723 ÷ 5 =　　　…

$$5 \overline{)5\ 7\ 2\ 3}$$

(6)

$$7054 \div 6 = \qquad \cdots$$

$$6\,)\,\overline{7\ 0\ 5\ 4}$$

(7)

$$7405 \div 7 = \qquad \cdots$$

$$7\,)\,\overline{7\ 4\ 0\ 5}$$

(8)

$6802 \div 3 =$ $\quad\quad$ ...

(9)

$8037 \div 2 =$ $\quad\quad$ ...

2) 8 0 3 7

(10)

$9005 \div 5 =$ $\cdots$

$$5\overline{)9\ 0\ 0\ 5}$$

(11)

$9000 \div 7 =$ $\cdots$

$$7\overline{)9\ 0\ 0\ 0}$$

➕ 정답 ➗

1 세 자리 수와 한 자리 수와 곱셈

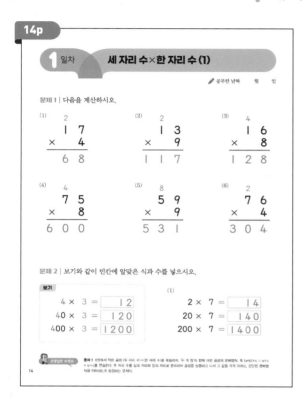

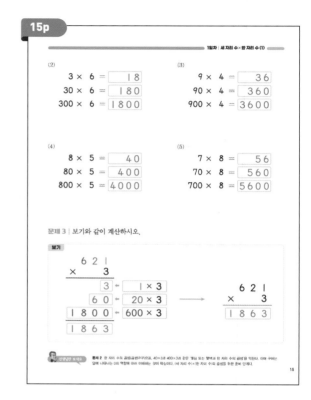

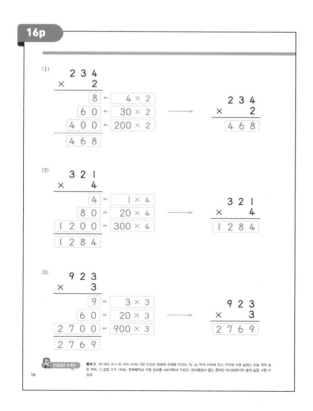

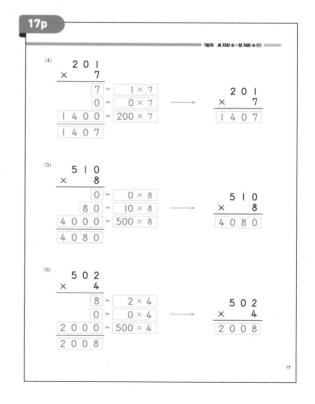

1일차 세 자리 수×한 자리 수 (1)

문제 4 | 다음을 계산하시오.

(1)
```
   3 1 2
 ×     3
 ─────────
   9 3 6
```

(2)
```
   9 4 2
 ×     2
 ─────────
 1 8 8 4
```

(3)
```
   7 0 1
 ×     5
 ─────────
 3 5 0 5
```

(4)
```
   6 2 0
 ×     4
 ─────────
 2 4 8 0
```

(5)
```
   8 1 0
 ×     9
 ─────────
 7 2 9 0
```

(6)
```
   8 0 3
 ×     2
 ─────────
 1 6 0 6
```

(7)
```
   1 2 3
 ×     2
 ─────────
   2 4 6
```

(8)
```
   4 0 2
 ×     3
 ─────────
 1 2 0 6
```

(9)
```
   5 0 2
 ×     4
 ─────────
 2 0 0 8
```

문제 4 〈문제 3〉에서 익힌 받아올림이 없는 (세 자리 수)×(한 자리 수)의 곱셈을 세로셈에서 완성한다.

18

2일차 세 자리 수×한 자리 수 (2)

✏️ 공부한 날짜   월   일

문제 1 | 다음을 계산하시오.

(1)
```
      4 2 1
   ×     3
   ─────────
        3  ← 1 × 3
       6 0  ← 20 × 3
   1 2 0 0  ← 400 × 3
   ─────────
   1 2 6 3
```

(2)
```
      7 0 1
   ×     6
   ─────────
        6  ← 1 × 6
        0  ← 0 × 6
   4 2 0 0  ← 700 × 6
   ─────────
   4 2 0 6
```

(3)
```
      5 1 0
   ×     8
   ─────────
        0  ← 0 × 8
       8 0  ← 10 × 8
   4 0 0 0  ← 500 × 8
   ─────────
   4 0 8 0
```

(4)
```
      8 1 1
   ×     9
   ─────────
        9  ← 1 × 9
       9 0  ← 10 × 9
   7 2 0 0  ← 800 × 9
   ─────────
   7 2 9 9
```

문제 1 앞에서 익힌 받아올림이 없는 (세 자리 수)×(한 자리 수)의 복습이다.

21

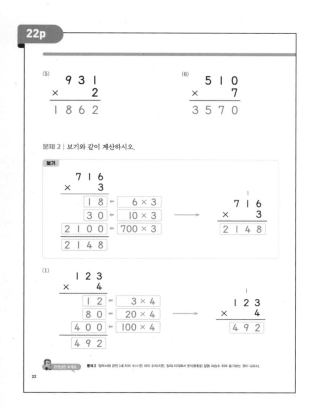

(5)
```
   9 3 1
 ×     2
 ─────────
 1 8 6 2
```

(6)
```
   5 1 0
 ×     7
 ─────────
 3 5 7 0
```

문제 2 | 보기와 같이 계산하시오.

보기
```
      7 1 6
   ×     3
   ─────────
       1 8  ← 6 × 3
       3 0  ← 10 × 3
   2 1 0 0  ← 700 × 3
   ─────────
   2 1 4 8
```
→
```
        1
      7 1 6
   ×     3
   ─────────
   2 1 4 8
```

(1)
```
      1 2 3
   ×     4
   ─────────
       1 2  ← 3 × 4
       8 0  ← 20 × 4
     4 0 0  ← 100 × 4
   ─────────
     4 9 2
```
→
```
      1 2 3
   ×     4
   ─────────
     4 9 2
```

문제 2 앞에서와 같은 (세 자리 수)×(한 자리 수)지만, 일의 자리에서 받아올림이 있을 때 과능수 위에 표기하는 것이 나온다.

22

2일차 세 자리 수×한 자리 수 (2)

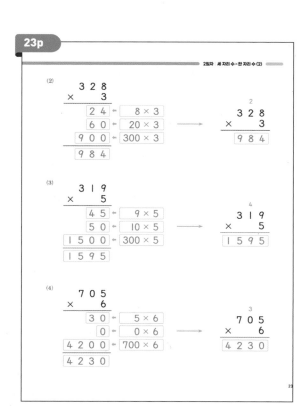

(2)
```
      3 2 8
   ×     3
   ─────────
       2 4  ← 8 × 3
       6 0  ← 20 × 3
     9 0 0  ← 300 × 3
   ─────────
     9 8 4
```
→
```
          2
      3 2 8
   ×     3
   ─────────
     9 8 4
```

(3)
```
      3 1 9
   ×     5
   ─────────
       4 5  ← 9 × 5
       5 0  ← 10 × 5
   1 5 0 0  ← 300 × 5
   ─────────
   1 5 9 5
```
→
```
          4
      3 1 9
   ×     5
   ─────────
   1 5 9 5
```

(4)
```
      7 0 5
   ×     6
   ─────────
       3 0  ← 5 × 6
        0  ← 0 × 6
   4 2 0 0  ← 700 × 6
   ─────────
   4 2 3 0
```
→
```
          3
      7 0 5
   ×     6
   ─────────
   4 2 3 0
```

23

24p

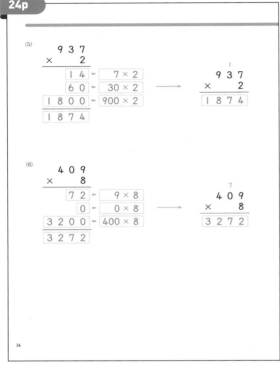

(5)
```
      9 3 7
  ×     2
```
1 4	←	7 × 2
6 0	←	30 × 2
1 8 0 0	←	900 × 2
1 8 7 4

```
      9 3 7
  ×     2
  ─────────
  1 8 7 4
```

(6)
```
      4 0 9
  ×     8
```
7 2	←	9 × 8
0	←	0 × 8
3 2 0 0	←	400 × 8
3 2 7 2

```
      4 0 9
  ×     8
  ─────────
  3 2 7 2
```

25p

문제 3 | 다음을 계산하시오.

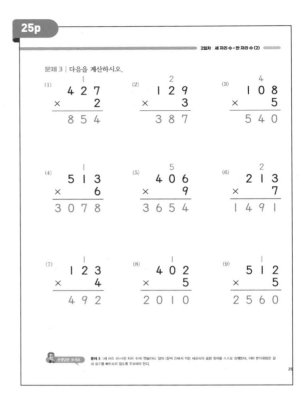

(1)
```
    4 2 7
  ×   2
  ───────
    8 5 4
```

(2)
```
    1 2 9
  ×   3
  ───────
    3 8 7
```

(3)
```
    1 0 8
  ×   5
  ───────
    5 4 0
```

(4)
```
    5 1 3
  ×   6
  ───────
  3 0 7 8
```

(5)
```
    4 0 6
  ×   9
  ───────
  3 6 5 4
```

(6)
```
    2 1 3
  ×   7
  ───────
  1 4 9 1
```

(7)
```
    1 2 3
  ×   4
  ───────
    4 9 2
```

(8)
```
    4 0 2
  ×   5
  ───────
  2 0 1 0
```

(9)
```
    5 1 2
  ×   5
  ───────
  2 5 6 0
```

26p

3 일차   세 자리 수×한 자리 수 (3)

공부한 날짜   월   일

문제 1 | 다음을 계산하시오.

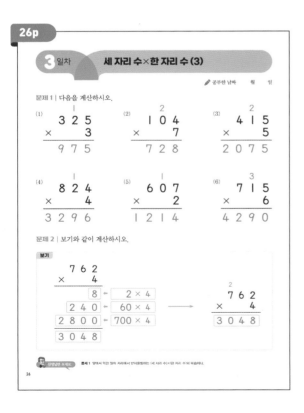

(1)
```
    3 2 5
  ×   3
  ───────
    9 7 5
```

(2)
```
    1 0 4
  ×   7
  ───────
    7 2 8
```

(3)
```
    4 1 5
  ×   5
  ───────
  2 0 7 5
```

(4)
```
    8 2 4
  ×   4
  ───────
  3 2 9 6
```

(5)
```
    6 0 7
  ×   2
  ───────
  1 2 1 4
```

(6)
```
    7 1 5
  ×   6
  ───────
  4 2 9 0
```

문제 2 | 보기와 같이 계산하시오.

보기
```
      7 6 2
  ×     4
```
8	←	2 × 4
2 4 0	←	60 × 4
2 8 0 0	←	700 × 4
3 0 4 8

```
      7 6 2
  ×     4
  ─────────
  3 0 4 8
```

27p

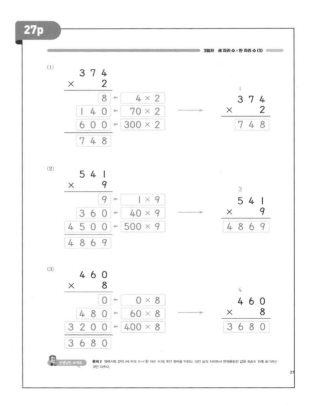

(1)
```
      3 7 4
  ×     2
```
8	←	4 × 2
1 4 0	←	70 × 2
6 0 0	←	300 × 2
7 4 8

```
      3 7 4
  ×     2
  ─────────
    7 4 8
```

(2)
```
      5 4 1
  ×     9
```
9	←	1 × 9
3 6 0	←	40 × 9
4 5 0 0	←	500 × 9
4 8 6 9

```
      5 4 1
  ×     9
  ─────────
  4 8 6 9
```

(3)
```
      4 6 0
  ×     8
```
0	←	0 × 8
4 8 0	←	60 × 8
3 2 0 0	←	400 × 8
3 6 8 0

```
      4 6 0
  ×     8
  ─────────
  3 6 8 0
```

(4)
$$281 \times 4$$
4	← 1×4
320	← 80×4
800	← 200×4
1124	

→
```
   3
  281
×   4
 1124
```

(5)
$$781 \times 7$$
7	← 1×7
560	← 80×7
4900	← 700×7
5467	

→
```
   5
  781
×   7
 5467
```

(6)
$$690 \times 3$$
0	← 0×3
270	← 90×3
1800	← 600×3
2070	

→
```
   2
  690
×   3
 2070
```

문제 3 | 다음을 계산하시오.

(1)
```
   1
  683
×   2
 1366
```

(2)
```
   1
  920
×   5
 4600
```

(3)
```
   4
  861
×   7
 6027
```

(4)
```
   5
  170
×   8
 1360
```

(5)
```
   5
  691
×   6
 4146
```

(6)
```
   2
  752
×   4
 3008
```

(7)
```
   2
  131
×   7
  917
```

(8)
```
   1
  420
×   5
 2100
```

(9)
```
   1
  521
×   5
 2605
```

문제 3 (세 자리 수)×(한 자리 수)를 만듭니다. 앞의 문제 단계에서 익힌 세로셈의 옳음을 학생이 스스로 실행한다고, 아래 받아올림한 값이 표기를 빠뜨리지 않도록 주의해야 한다.

4일차   세 자리 수×한 자리 수 (4)

✏️ 공부한 날짜   월   일

문제 1 | 다음을 계산하시오.

(1)
```
   1
  562
×   3
 1686
```

(2)
```
   2
  740
×   6
 4440
```

(3)
```
   1
  931
×   5
 4655
```

(4)
```
   6
  890
×   7
 6230
```

(5)
```
   3
  281
×   4
 1124
```

(6)
```
   8
  690
×   9
 6210
```

문제 2 | 보기와 같이 계산하시오.

보기
$$389 \times 6$$
54	← 9×6
480	← 80×6
1800	← 300×6
2334	

→
```
   5 5
  389
×   6
 2334
```

문제 1 앞에서 익힌 십의 자리에서 받아올림이 있는 (세 자리 수)×(한 자리 수) 복습이다.

(1)
$$376 \times 2$$
12	← 6×2
140	← 70×2
600	← 300×2
752	

→
```
  1 1
  376
×   2
  752
```

(2)
$$895 \times 3$$
15	← 5×3
270	← 90×3
2400	← 800×3
2685	

→
```
  2 1
  895
×   3
 2685
```

(3)
$$789 \times 4$$
36	← 9×4
320	← 80×4
2800	← 700×4
3156	

→
```
  3 3
  789
×   4
 3156
```

문제 2 앞에서와 같이 (세 자리 수)×(한 자리 수)의 계산 절차를 익힌다. 낱의 값의 자리와 십의 자리에서 모두 받아올림한 값을 각각 표기하므로 위에 두 번 표기가는 경우가 다르다.

정답

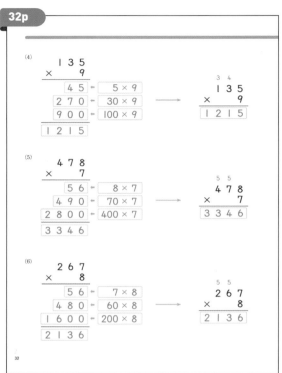

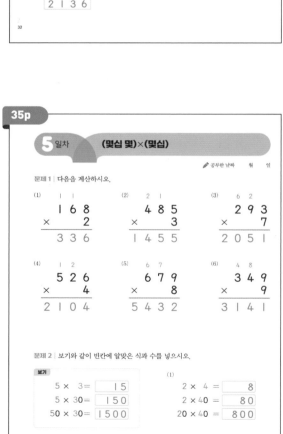

4일차 세 자리 수×한 자리 수 (4)

문제 3 | 다음을 계산하시오.

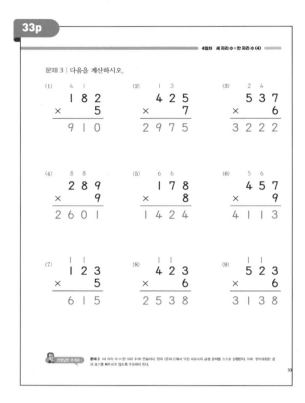

5 일차 (몇십 몇)×(몇십)

✏️ 공부한 날짜   월   일

문제 1 | 다음을 계산하시오.

문제 2 | 보기와 같이 빈칸에 알맞은 식과 수를 넣으시오.

보기

$5 \times 3 = 15$ $2 \times 4 = 8$

$5 \times 30 = 150$ $2 \times 40 = 80$

$50 \times 30 = 1500$ $20 \times 40 = 800$

$7 \times 2 = 14$ $3 \times 6 = 18$

$7 \times 20 = 140$ $3 \times 60 = 180$

$70 \times 20 = 1400$ $30 \times 60 = 1800$

$5 \times 9 = 45$ $8 \times 7 = 56$

$5 \times 90 = 450$ $8 \times 70 = 560$

$50 \times 90 = 4500$ $80 \times 70 = 5600$

문제 3 | 다음을 계산하시오.

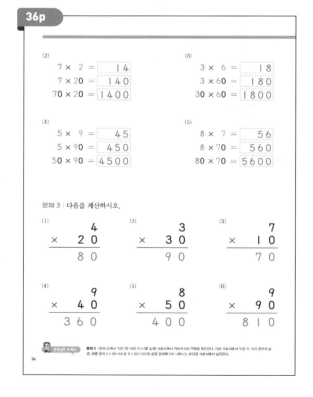

37p

문제 4 | 보기와 같이 계산하시오.

보기
$$60 \times 20 = 1200$$

(1) $20 \times 30 = 600$

(2) $80 \times 10 = 800$

(3) $50 \times 30 = 1500$

(4) $70 \times 60 = 4200$

(5) $90 \times 70 = 6300$

문제 5 | 보기와 같이 계산하시오.

보기
```
    2 3
  ×  6 0
  1 8 0  ← 3 × 60
1 2 0 0  ← 20 × 60
1 3 8 0
```
→
```
    2 3
  ×  6 0
  1 3 8 0
```

38p

(1)
```
    4 3
  ×  2 0
    6 0  ← 3 × 20
  8 0 0  ← 40 × 20
  8 6 0
```
→
```
    4 3
  ×  2 0
    8 6 0
```

(2)
```
    6 3
  ×  3 0
    9 0  ← 3 × 30
1 8 0 0  ← 60 × 30
1 8 9 0
```
→
```
    6 3
  ×  3 0
  1 8 9 0
```

(3)
```
    8 3
  ×  4 0
  1 2 0  ← 3 × 40
3 2 0 0  ← 80 × 40
3 3 2 0
```
→
```
    8 3
  ×  4 0
  3 3 2 0
```

39p

(4)
```
    2 9
  ×  6 0
  5 4 0  ← 9 × 60
1 2 0 0  ← 20 × 60
1 7 4 0
```
→
```
    2 9
  ×  6 0
  1 7 4 0
```

(5)
```
    8 9
  ×  7 0
  6 3 0  ← 9 × 70
5 6 0 0  ← 80 × 70
6 2 3 0
```
→
```
    8 9
  ×  7 0
  6 2 3 0
```

(6)
```
    5 1
  ×  8 0
    8 0  ← 1 × 80
4 0 0 0  ← 50 × 80
4 0 8 0
```
→
```
    5 1
  ×  8 0
  4 0 8 0
```

(7)
```
    7 5
  ×  4 0
  2 0 0  ← 5 × 40
2 8 0 0  ← 70 × 40
3 0 0 0
```
→
```
    7 5
  ×  4 0
  3 0 0 0
```

40p

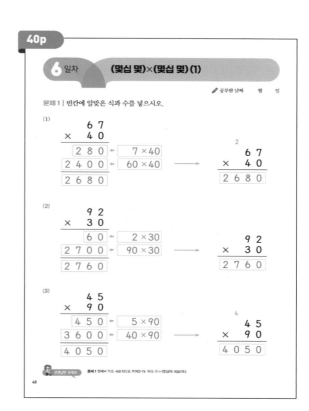

6 일차 (몇십 몇)×(몇십 몇)(1)

공부한 날짜   월   일

문제 1 | 빈칸에 알맞은 식과 수를 넣으시오.

(1)
```
    6 7
  ×  4 0
  2 8 0  ← 7 × 40
2 4 0 0  ← 60 × 40
2 6 8 0
```
→
```
    6 7
  ×  4 0
  2 6 8 0
```

(2)
```
    9 2
  ×  3 0
    6 0  ← 2 × 30
2 7 0 0  ← 90 × 30
2 7 6 0
```
→
```
    9 2
  ×  3 0
  2 7 6 0
```

(3)
```
    4 5
  ×  9 0
  4 5 0  ← 5 × 90
3 6 0 0  ← 40 × 90
4 0 5 0
```
→
```
    4 5
  ×  9 0
  4 0 5 0
```

정답

6일차 (몇십 몇)×(몇십 몇) (1)

문제 2 | 보기와 같이 계산하시오.

보기
```
      2
     4 9
  ×  3 0
 1 4 7 0
```

(1)
```
      4
     4 7
  ×  6 0
 2 8 2 0
```

(2)
```
      2
     7 5
  ×  5 0
 3 7 5 0
```

(3)
```
     3 4
  ×  2 0
   6 8 0
```

(4)
```
      1
     1 4
  ×  4 0
   5 6 0
```

(5)
```
     8 3
  ×  3 0
 2 4 9 0
```

(6)
```
      5
     3 6
  ×  9 0
 3 2 4 0
```

(7)
```
      6
     1 8
  ×  8 0
 1 4 4 0
```

(8)
```
      6
     7 9
  ×  7 0
 5 5 3 0
```

문제 2 앞에서 익힌 (두 자리 수)×(몇 십)의 올림을 토대로 더 단순해진 세로로 셈하는 곱셈을 익힌다. 보기에서 살펴보면 9×30은 9×3=270 아니라 270이며, 40×30은 4×3=12가 아니라 1200이라는 것을 파악해야 한다. 결국 두 자리 수 곱셈 셈자의 핵심은 자릿값에 대한 이해이다.

문제 3 | 보기와 같이 빈칸에 알맞은 식과 수를 쓰시오.

보기

13×12

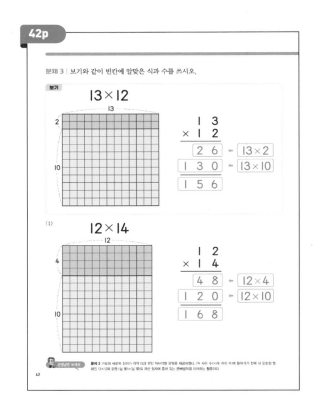

```
   1 3
 × 1 2
   2 6  ← 13×2
 1 3 0  ← 13×10
 1 5 6
```

(1)

12×14

```
   1 2
 × 1 4
   4 8  ← 12×4
 1 2 0  ← 12×10
 1 6 8
```

문제 3 가로와 세로의 길이가 각각 15로 된 직사각형 유형을 제공하였다. (두 자리 수)×(두 자리 수)에 들어가기 전에 더 단순한 형태인 (13×12의 같은 (십 몇)×(십 몇)의 계산 셈자 들어 있는 분배법칙을 이해하는 활동이다.

6일차 (몇십 몇)×(몇십 몇) (1)

(2)

13×13

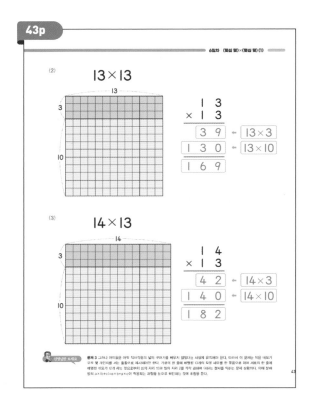

```
   1 3
 × 1 3
   3 9  ← 13×3
 1 3 0  ← 13×10
 1 6 9
```

(3)

14×13

```
   1 4
 × 1 3
   4 2  ← 14×3
 1 4 0  ← 14×10
 1 8 2
```

문제 3 그러나 아이들은 아직 직사각형의 넓이 구하기를 배우지 않았다는 사실에 유의해야 한다. 따라서 이 문제는 작은 네모가 모두 몇 개인지를 셈 활동으로 제시하여야만 한다. 가로의 한 줄에 배열된 다섯의 작은 네모를 한 묶음으로 파악 세로의 한 줄에 배열된 네모가 모두 몇 개인 것으로부터 십의 자리 셈과 몇을 각각 곱하여 더하는 셈자를 익히는 문제 상황이다. 이때 분배법칙 a×(b+c)=(a×b)+(a×c)이 적용되는 관점들이 모두 활용된다. 셈은 후행한다.

6일차 (몇십 몇)×(몇십 몇) (1)

(4)

16×14

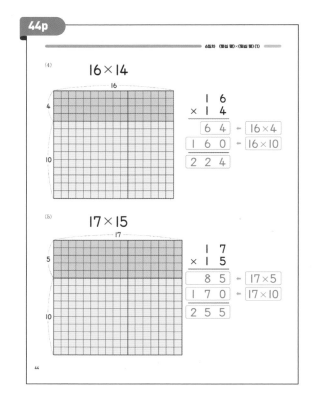

```
   1 6
 × 1 4
   6 4  ← 16×4
 1 6 0  ← 16×10
 2 2 4
```

(5)

17×15

```
   1 7
 × 1 5
   8 5  ← 17×5
 1 7 0  ← 17×10
 2 5 5
```

45p

7 일차 **(몇십 몇)×(몇십 몇) (2)**

✏️ 공부한 날짜   월   일

문제 1 | 빈칸에 알맞은 식과 수를 넣으시오.

(1)
$$12 \times 12$$

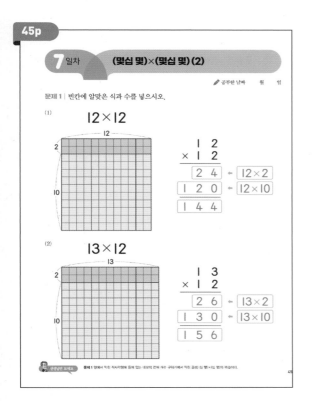

```
      1 2
  ×   1 2
    ┌───────┐
    │ 2 4 │ ← 12×2
    ├───────┤
    │1 2 0│ ← 12×10
    └───────┘
    1 4 4
```

(2)
$$13 \times 12$$

```
      1 3
  ×   1 2
    ┌───────┐
    │ 2 6 │ ← 13×2
    ├───────┤
    │1 3 0│ ← 13×10
    └───────┘
    1 5 6
```

문제 1 양쪽에 익힌 직사각형에 들여 있는 내모의 전체 개수 구하기에서 익힌 곱셈 (십 몇)×(십 몇)의 학습이다.

45

46p

(3)
$$14 \times 15$$

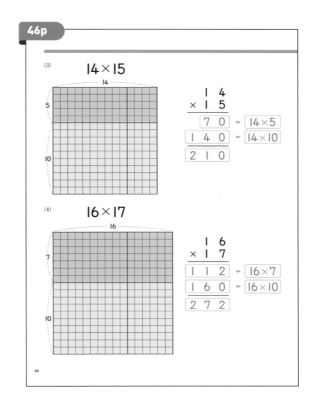

```
      1 4
  ×   1 5
    ┌───────┐
    │ 7 0 │ ← 14×5
    ├───────┤
    │1 4 0│ ← 14×10
    └───────┘
    2 1 0
```

(4)
$$16 \times 17$$

```
      1 6
  ×   1 7
    ┌───────┐
    │1 1 2│ ← 16×7
    ├───────┤
    │1 6 0│ ← 16×10
    └───────┘
    2 7 2
```

46

47p

7일차 (몇십 몇)×(몇십 몇) (2)

문제 2 | 보기와 같이 빈칸에 알맞은 식과 수를 넣으시오.

보기
```
      1 3
  ×   1 7
    ┌───────┐
    │ 9 1 │ ← 13 × 7
    ├───────┤
    │1 3 0│ ← 13 × 10
    └───────┘
    2 2 1
```

(1)
```
      1 4
  ×   1 2
    ┌───────┐
    │ 2 8 │ ← 14 × 2
    ├───────┤
    │1 4 0│ ← 14 × 10
    └───────┘
    1 6 8
```

(2)
```
      1 3
  ×   1 2
    ┌───────┐
    │ 2 6 │ ← 13 × 2
    ├───────┤
    │1 3 0│ ← 13 × 10
    └───────┘
    1 5 6
```

(3)
```
      1 5
  ×   1 3
    ┌───────┐
    │ 4 5 │ ← 15 × 3
    ├───────┤
    │1 5 0│ ← 15 × 10
    └───────┘
    1 9 5
```

(4)
```
      1 7
  ×   1 2
    ┌───────┐
    │ 3 4 │ ← 17 × 2
    ├───────┤
    │1 7 0│ ← 17 × 10
    └───────┘
    2 0 4
```

(5)
```
      1 5
  ×   1 2
    ┌───────┐
    │ 3 0 │ ← 15 × 2
    ├───────┤
    │1 5 0│ ← 15 × 10
    └───────┘
    1 8 0
```

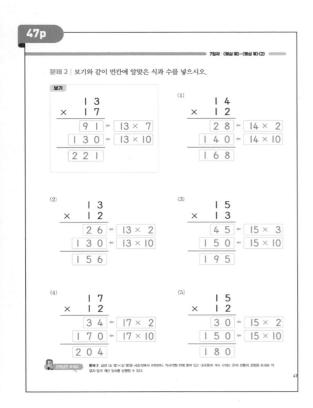

문제 2 급셈 (십 몇)×(십 몇)을 세로식에서 구한다. 직사각형 안에 들어 있는 내모의 개수 구하는 문제 상황의 경험을 토대로 어 없지 않게 계산 절차를 실행할 수 있다.

47

48p

(6)
```
      1 8
  ×   1 6
    ┌───────┐
    │1 0 8│ ← 18 × 6
    ├───────┤
    │1 8 0│ ← 18 × 10
    └───────┘
    2 8 8
```

(7)
```
      1 7
  ×   1 7
    ┌───────┐
    │1 1 9│ ← 17 × 7
    ├───────┤
    │1 7 0│ ← 17 × 10
    └───────┘
    2 8 9
```

문제 3 | 보기와 같이 곱셈을 하시오.

보기
```
      1 8
  ×   1 3
    ─────────
      5 4
    1 8 0
    ─────────
    2 3 4
```

(1)
```
      1 2
  ×   1 4
    ─────────
      4 8
    1 2 0
    ─────────
    1 6 8
```

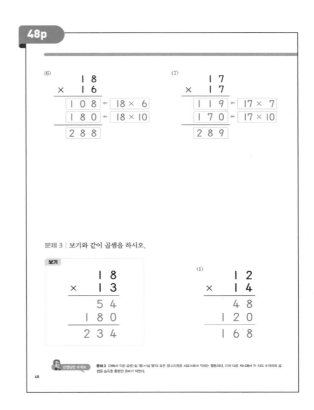

문제 3 다에서 익힌 곱셈 (십 몇)의 몫은 앞고리름을 세로식에서 작하는 활동이다. 이제 다음 제시에서 두 자리 수끼리의 곱 셈을 급득을 충분한 준비가 덥한다.

48

171

정답

7일차 (몇십 몇)×(몇십 몇)(2)

(2)
$$\begin{array}{r} 16 \\ \times\ 13 \\ \hline 48 \\ 160 \\ \hline 208 \end{array}$$

(3)
$$\begin{array}{r} 19 \\ \times\ 12 \\ \hline 38 \\ 190 \\ \hline 228 \end{array}$$

(4)
$$\begin{array}{r} 14 \\ \times\ 14 \\ \hline 56 \\ 140 \\ \hline 196 \end{array}$$

(5)
$$\begin{array}{r} 16 \\ \times\ 15 \\ \hline 80 \\ 160 \\ \hline 240 \end{array}$$

(6)
$$\begin{array}{r} 17 \\ \times\ 14 \\ \hline 68 \\ 170 \\ \hline 238 \end{array}$$

(7)
$$\begin{array}{r} 19 \\ \times\ 17 \\ \hline 133 \\ 190 \\ \hline 323 \end{array}$$

(8)
$$\begin{array}{r} 15 \\ \times\ 18 \\ \hline 120 \\ 150 \\ \hline 270 \end{array}$$

(9)
$$\begin{array}{r} 16 \\ \times\ 19 \\ \hline 144 \\ 160 \\ \hline 304 \end{array}$$

(10)
$$\begin{array}{r} 18 \\ \times\ 18 \\ \hline 144 \\ 180 \\ \hline 324 \end{array}$$

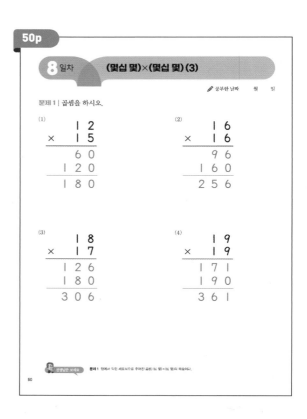

8일차 (몇십 몇)×(몇십 몇)(3)

공부한 날짜   월   일

문제1 | 곱셈을 하시오.

(1)
$$\begin{array}{r} 12 \\ \times\ 15 \\ \hline 60 \\ 120 \\ \hline 180 \end{array}$$

(2)
$$\begin{array}{r} 16 \\ \times\ 16 \\ \hline 96 \\ 160 \\ \hline 256 \end{array}$$

(3)
$$\begin{array}{r} 18 \\ \times\ 17 \\ \hline 126 \\ 180 \\ \hline 306 \end{array}$$

(4)
$$\begin{array}{r} 19 \\ \times\ 19 \\ \hline 171 \\ 190 \\ \hline 361 \end{array}$$

8일차 (몇십 몇)×(몇십 몇)(3)

문제2 | 보기와 같이 빈칸에 알맞은 식과 수를 넣으시오.

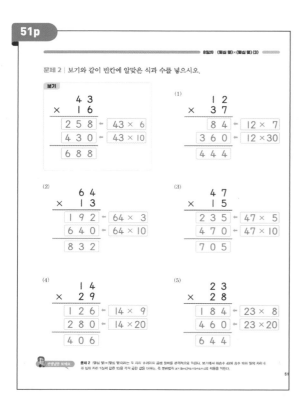

보기
$$\begin{array}{r} 43 \\ \times\ 16 \\ \hline 258 \leftarrow 43\times6 \\ 430 \leftarrow 43\times10 \\ \hline 688 \end{array}$$

(1)
$$\begin{array}{r} 12 \\ \times\ 37 \\ \hline 84 \leftarrow 12\times7 \\ 360 \leftarrow 12\times30 \\ \hline 444 \end{array}$$

(2)
$$\begin{array}{r} 64 \\ \times\ 13 \\ \hline 192 \leftarrow 64\times3 \\ 640 \leftarrow 64\times10 \\ \hline 832 \end{array}$$

(3)
$$\begin{array}{r} 47 \\ \times\ 15 \\ \hline 235 \leftarrow 47\times5 \\ 470 \leftarrow 47\times10 \\ \hline 705 \end{array}$$

(4)
$$\begin{array}{r} 14 \\ \times\ 29 \\ \hline 126 \leftarrow 14\times9 \\ 280 \leftarrow 14\times20 \\ \hline 406 \end{array}$$

(5)
$$\begin{array}{r} 23 \\ \times\ 28 \\ \hline 184 \leftarrow 23\times8 \\ 460 \leftarrow 23\times20 \\ \hline 644 \end{array}$$

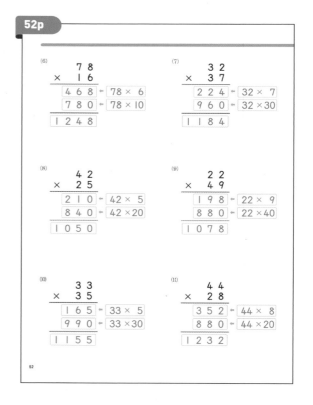

(6)
$$\begin{array}{r} 78 \\ \times\ 16 \\ \hline 468 \leftarrow 78\times6 \\ 780 \leftarrow 78\times10 \\ \hline 1248 \end{array}$$

(7)
$$\begin{array}{r} 32 \\ \times\ 37 \\ \hline 224 \leftarrow 32\times7 \\ 960 \leftarrow 32\times30 \\ \hline 1184 \end{array}$$

(8)
$$\begin{array}{r} 42 \\ \times\ 25 \\ \hline 210 \leftarrow 42\times5 \\ 840 \leftarrow 42\times20 \\ \hline 1050 \end{array}$$

(9)
$$\begin{array}{r} 22 \\ \times\ 49 \\ \hline 198 \leftarrow 22\times9 \\ 880 \leftarrow 22\times40 \\ \hline 1078 \end{array}$$

(10)
$$\begin{array}{r} 33 \\ \times\ 35 \\ \hline 165 \leftarrow 33\times5 \\ 990 \leftarrow 33\times30 \\ \hline 1155 \end{array}$$

(11)
$$\begin{array}{r} 44 \\ \times\ 28 \\ \hline 352 \leftarrow 44\times8 \\ 880 \leftarrow 44\times20 \\ \hline 1232 \end{array}$$

53p

8일차 (몇십 몇)×(몇십 몇)(3)

문제 3 | 보기와 같이 곱셈을 하시오.

보기
```
      4 3
 ×    2 8
 ─────────
    3 4 4
    8 6 0
 ─────────
  1 2 0 4
```

(1)
```
      2 9
 ×    1 3
 ─────────
      8 7
    2 9 0
 ─────────
    3 7 7
```

(2)
```
      1 3
 ×    2 6
 ─────────
      7 8
    2 6 0
 ─────────
    3 3 8
```

(3)
```
      3 4
 ×    2 5
 ─────────
    1 7 0
    6 8 0
 ─────────
    8 5 0
```

(4)
```
      3 8
 ×    1 4
 ─────────
    1 5 2
    3 8 0
 ─────────
    5 3 2
```

(5)
```
      2 8
 ×    1 7
 ─────────
    1 9 6
    2 8 0
 ─────────
    4 7 6
```

(6)
```
      4 4
 ×    2 4
 ─────────
    1 7 6
    8 8 0
 ─────────
  1 0 5 6
```

(7)
```
      3 3
 ×    3 9
 ─────────
    2 9 7
    9 9 0
 ─────────
  1 2 8 7
```

54p

8일차 (몇십 몇)×(몇십 몇)(3)

(8)
```
      2 3
 ×    4 7
 ─────────
    1 6 1
    9 2 0
 ─────────
  1 0 8 1
```

(9)
```
      4 5
 ×    2 6
 ─────────
    2 7 0
    9 0 0
 ─────────
  1 1 7 0
```

(10)
```
      1 6
 ×    6 9
 ─────────
    1 4 4
    9 6 0
 ─────────
  1 1 0 4
```

(11)
```
      2 9
 ×    3 8
 ─────────
    2 3 2
    8 7 0
 ─────────
  1 1 0 2
```

(12)
```
      1 5
 ×    1 5
 ─────────
      7 5
    1 5 0
 ─────────
    2 2 5
```

(13)
```
      2 5
 ×    2 5
 ─────────
    1 2 5
    5 0 0
 ─────────
    6 2 5
```

55p

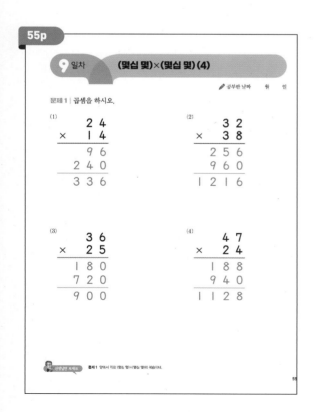

9 일차 (몇십 몇)×(몇십 몇)(4)

문제 1 | 곱셈을 하시오.

(1)
```
      2 4
 ×    1 4
 ─────────
      9 6
    2 4 0
 ─────────
    3 3 6
```

(2)
```
      3 2
 ×    3 8
 ─────────
    2 5 6
    9 6 0
 ─────────
  1 2 1 6
```

(3)
```
      3 6
 ×    2 5
 ─────────
    1 8 0
    7 2 0
 ─────────
    9 0 0
```

(4)
```
      4 7
 ×    2 4
 ─────────
    1 8 8
    9 4 0
 ─────────
  1 1 2 8
```

56p

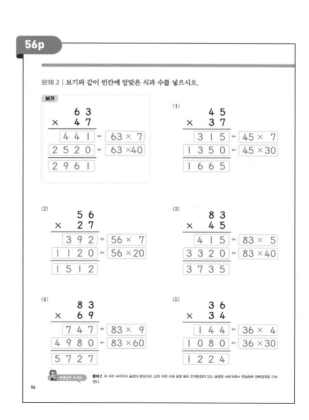

문제 2 | 보기와 같이 빈칸에 알맞은 식과 수를 넣으시오.

보기
```
      6 3
 ×    4 7
 ─────────
   4 4 1  ← 63 × 7
 2 5 2 0  ← 63 ×40
 ─────────
 2 9 6 1
```

(1)
```
      4 5
 ×    3 7
 ─────────
   3 1 5  ← 45 × 7
 1 3 5 0  ← 45 ×30
 ─────────
 1 6 6 5
```

(2)
```
      5 6
 ×    2 7
 ─────────
   3 9 2  ← 56 × 7
 1 1 2 0  ← 56 ×20
 ─────────
 1 5 1 2
```

(3)
```
      8 3
 ×    4 5
 ─────────
   4 1 5  ← 83 × 5
 3 3 2 0  ← 83 ×40
 ─────────
 3 7 3 5
```

(4)
```
      8 3
 ×    6 9
 ─────────
   7 4 7  ← 83 × 9
 4 9 8 0  ← 83 ×60
 ─────────
 5 7 2 7
```

(5)
```
      3 6
 ×    3 4
 ─────────
   1 4 4  ← 36 × 4
 1 0 8 0  ← 36 ×30
 ─────────
 1 2 2 4
```

9일차 (몇십 몇)×(몇십 몇)(4)

(6)
```
      8 6
  ×   4 7
  ┌─────────┐
  │ 6 0 2 │ ← 86 × 7
  │ 3 4 4 0 │ ← 86 ×40
  └─────────┘
    4 0 4 2
```

(7)
```
      7 5
  ×   4 7
  ┌─────────┐
  │ 5 2 5 │ ← 75 × 7
  │ 3 0 0 0 │ ← 75 ×40
  └─────────┘
    3 5 2 5
```

(8)
```
      4 4
  ×   4 4
  ┌─────────┐
  │ 1 7 6 │ ← 44 × 4
  │ 1 7 6 0 │ ← 44 ×40
  └─────────┘
    1 9 3 6
```

(9)
```
      9 9
  ×   9 9
  ┌─────────┐
  │ 8 9 1 │ ← 99 × 9
  │ 8 9 1 0 │ ← 99 ×90
  └─────────┘
    9 8 0 1
```

(10)
```
      5 5
  ×   5 5
  ┌─────────┐
  │ 2 7 5 │ ← 55 × 5
  │ 2 7 5 0 │ ← 55 ×50
  └─────────┘
    3 0 2 5
```

(11)
```
      7 7
  ×   7 7
  ┌─────────┐
  │ 5 3 9 │ ← 77 × 7
  │ 5 3 9 0 │ ← 77 ×70
  └─────────┘
    5 9 2 9
```

문제 3 | 보기와 같이 곱셈을 하시오.

보기
```
      3 6
  ×   7 4
  ─────────
    1 4 4
  2 5 2 0
  ─────────
  2 6 6 4
```

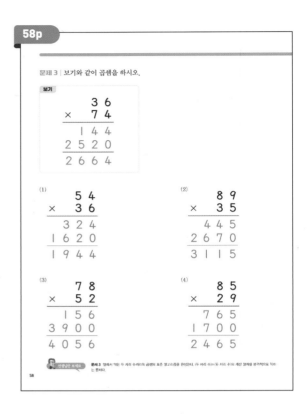

(1)
```
      5 4
  ×   3 6
  ─────────
    3 2 4
  1 6 2 0
  ─────────
  1 9 4 4
```

(2)
```
      8 9
  ×   3 5
  ─────────
    4 4 5
  2 6 7 0
  ─────────
  3 1 1 5
```

(3)
```
      7 8
  ×   5 2
  ─────────
    1 5 6
  3 9 0 0
  ─────────
  4 0 5 6
```

(4)
```
      8 5
  ×   2 9
  ─────────
    7 6 5
  1 7 0 0
  ─────────
  2 4 6 5
```

선생님의 한 마디 문제 3 앞에서 익힌 두 자리 수끼리의 곱셈의 표준 알고리즘을 완성한다. (두 자리 수)×(두 자리 수)의 계산 절차를 본격적으로 익히는 문제다.

9일차 (몇십 몇)×(몇십 몇)(4)

(5)
```
      6 7
  ×   3 2
  ─────────
    1 3 4
  2 0 1 0
  ─────────
  2 1 4 4
```

(6)
```
      7 7
  ×   4 4
  ─────────
    3 0 8
  3 0 8 0
  ─────────
  3 3 8 8
```

(7)
```
      4 5
  ×   4 5
  ─────────
    2 2 5
  1 8 0 0
  ─────────
  2 0 2 5
```

(8)
```
      9 6
  ×   8 4
  ─────────
    3 8 4
  7 6 8 0
  ─────────
  8 0 6 4
```

(9)
```
      2 5
  ×   4 8
  ─────────
    2 0 0
  1 0 0 0
  ─────────
  1 2 0 0
```

(10)
```
      6 6
  ×   6 6
  ─────────
    3 9 6
  3 9 6 0
  ─────────
  4 3 5 6
```

(11)
```
      8 8
  ×   8 8
  ─────────
    7 0 4
  7 0 4 0
  ─────────
  7 7 4 4
```

(12)
```
      5 5
  ×   5 5
  ─────────
    2 7 5
  2 7 5 0
  ─────────
  3 0 2 5
```

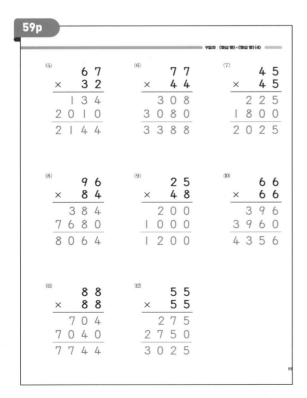

10 일차   여러 가지 곱셈 문제 (1)

✏ 공부한 날짜   월   일

문제 1 | 보기와 같이 곱셈을 하시오.

보기
$$8 \times 2 \times 7 \times 4 = 448$$
16
112

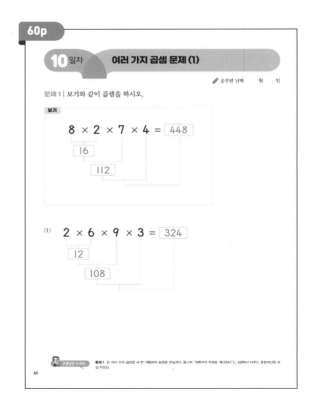

(1)
$$2 \times 6 \times 9 \times 3 = 324$$
12
108

선생님의 한 마디 문제 1 한 자리 수의 곱셈을 세 번 거듭하여 곱셈을 연습한다. 동시에 "왼쪽부터 차례로 계산한다"는, 앞면에서 다루었던 혼합계산의 규칙을 익힌다.

10일차 여러 가지 곱셈 문제 (1)

(2) $3 \times 5 \times 8 \times 9 = \boxed{1080}$
　　　15
　　　　　120

(3) $7 \times 4 \times 6 \times 9 = \boxed{1512}$
　　　28
　　　　　168

(4) $8 \times 7 \times 2 \times 9 = \boxed{1008}$
　　　56
　　　　　112

문제 2 | 빈칸에 알맞은 수를 넣으시오.

(1)

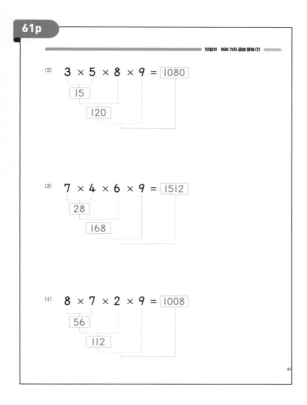

날짜(일)	1	2	3	4	5	6
횟수(번)	143	286	429	572	715	858

♥ 계산식을 쓸 때 사용하시오.

문제 2 주어진 표의 빈칸을 채우고 두 배, 세 배, 네 배 … 의 배 개념과 곱셈의 관련성을 이해한다.

10일차 여러 가지 곱셈 문제 (1)

(2)

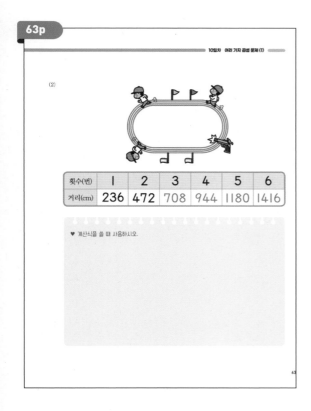

횟수(번)	1	2	3	4	5	6
거리(cm)	236	472	708	944	1180	1416

♥ 계산식을 쓸 때 사용하시오.

문제 3 | 문제를 읽고 식과 답을 쓰시오.

(1) 공이 145개씩 들어 있는 상자가 6개 있습니다. 공은 모두 몇 개인가요?

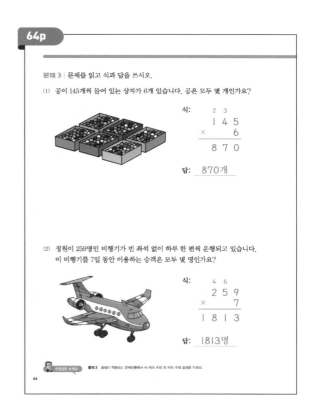

식:
```
    2 3
  1 4 5
×     6
─────────
  8 7 0
```

답: 870개

(2) 정원이 259명인 비행기가 빈 좌석 없이 하루 한 편씩 운행되고 있습니다. 이 비행기를 7일 동안 이용하는 승객은 모두 몇 명인가요?

식:
```
    4 6
  2 5 9
×     7
─────────
1 8 1 3
```

답: 1813명

문제 3 곱셈이 적용되는 문제상황에서 세 자리 수의 한 자리 수의 곱셈을 익힌다.

65p

(3) 지난해 감기 환자가 538명이었습니다. 올해는 환자 수가 지난해의 3배가 되었다면 모두 몇 명일까요?

식:
```
      1 2
    5 3 8
  ×     3
  1 6 1 4
```

답: 1614명

(4) 겨울에 비가 374㎜만큼 왔습니다. 여름에는 겨울보다 4배 더 왔다면 여름에는 비가 얼마만큼 왔을까요?

식:
```
      2 1
    3 7 4
  ×     4
  1 4 9 6
```

답: 1496㎜

66p

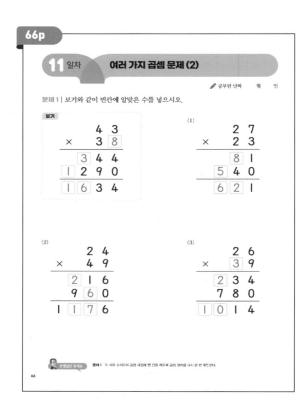

67p

(4)
```
      4 0
  ×   9 7
    2 8 0
  3 6 0 0
  3 8 8 0
```

(5)
```
      3 2
  ×   3 8
    2 5 6
    9 6 0
  1 2 1 6
```

(6)
```
      8 7
  ×   4 9
    7 8 3
  3 4 8 0
  4 2 6 3
```

(7)
```
      6 5
  ×   8 4
    2 6 0
  5 2 0 0
  5 4 6 0
```

(8)
```
      5 0
  ×   9 7
    3 5 0
  4 5 0 0
  4 8 5 0
```

68p

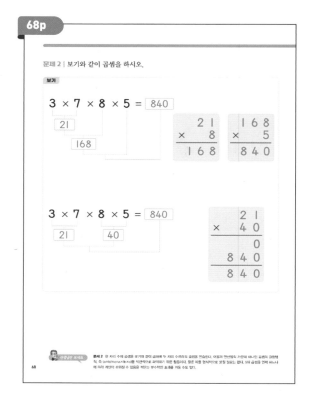

11일차 | 여러 가지 곱셈 문제 (2)

(1) $2 \times 9 \times 4 \times 5 = \boxed{360}$

18
72

```
  1 8        7 2
×   4      ×   5
  7 2      3 6 0
```

$2 \times 9 \times 4 \times 5 = \boxed{360}$

18   20

```
    1 8
×   2 0
      0
  3 6 0
  3 6 0
```

(2) $6 \times 8 \times 5 \times 4 = \boxed{960}$

48
240

```
  4 8       2 4 0
×   5      ×   4
2 4 0      9 6 0
```

$6 \times 8 \times 5 \times 4 = \boxed{960}$

48   20

```
    4 8
×   2 0
      0
  9 6 0
  9 6 0
```

(3) $8 \times 8 \times 6 \times 5 = \boxed{1920}$

64
384

```
  6 4       3 8 4
×   6      ×   5
3 8 4    1 9 2 0
```

$8 \times 8 \times 6 \times 5 = \boxed{1920}$

64   30

```
    6 4
×   3 0
      0
1 9 2 0
1 9 2 0
```

(4) $4 \times 6 \times 5 \times 8 = \boxed{960}$

24
120

```
  2 4       1 2 0
×   5      ×   8
1 2 0      9 6 0
```

$4 \times 6 \times 5 \times 8 = \boxed{960}$

24   40

```
    2 4
×   4 0
      0
  9 6 0
  9 6 0
```

11일차 | 여러 가지 곱셈 문제 (2)

문제 3 | 문제를 읽고 식과 답을 쓰시오.

(1) 지민이가 훌라후프를 매일 65번씩 했다면 17일 동안 훌라후프를 모두 몇 번 했나요?

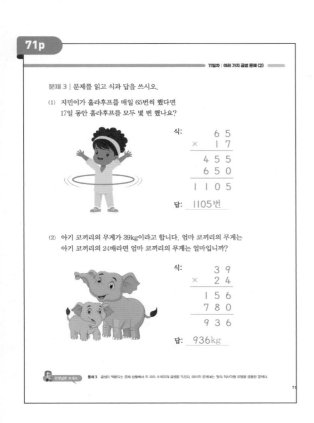

식:
```
    6 5
×   1 7
  4 5 5
  6 5 0
1 1 0 5
```

답: 1105번

(2) 아기 코끼리의 무게가 39kg이라고 합니다. 엄마 코끼리의 무게는 아기 코끼리의 24배라면 엄마 코끼리의 무게는 얼마입니까?

식:
```
    3 9
×   2 4
  1 5 6
  7 8 0
  9 3 6
```

답: 936kg

문제 3 곱셈이 적용되는 문제 상황에서 두 자리 수끼리의 곱셈을 익힌다. 마지막 문제4는 칸의 직사각형 모양을 경험한 문제다.

11일차 | 여러 가지 곱셈 문제 (2)

(3) 밤이 한 상자에 53개씩 들어 있습니다. 86개의 상자에 들어 있는 밤은 모두 몇 개인가요?

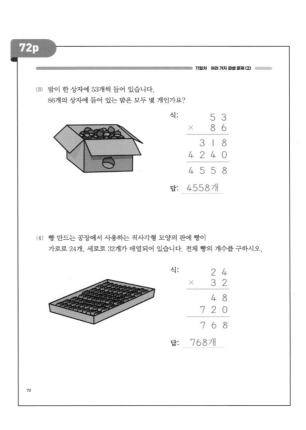

식:
```
    5 3
×   8 6
  3 1 8
4 2 4 0
4 5 5 8
```

답: 4558개

(4) 빵 만드는 공장에서 사용하는 직사각형 모양의 판에 빵이 가로로 24개, 세로로 32개가 배열되어 있습니다. 전체 빵의 개수를 구하시오.

식:
```
    2 4
×   3 2
    4 8
  7 2 0
  7 6 8
```

답: 768개

177

➕ 정답 ➗

2 한 자리 수의 나눗셈

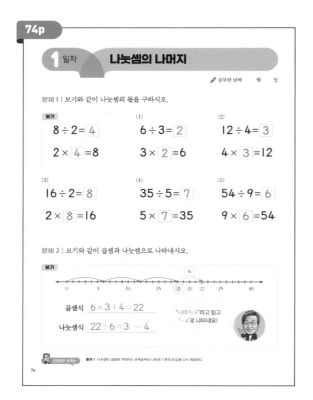

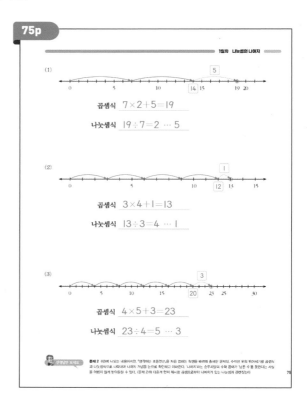

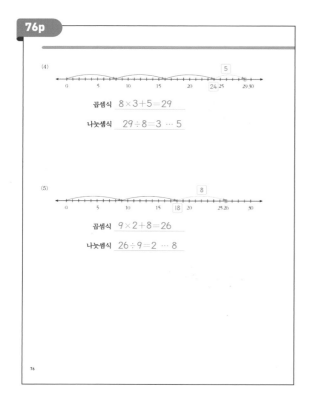

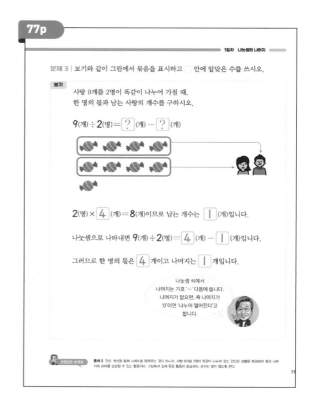

(1) 사탕 17개를 3명이 똑같이 나누어 가질 때,
한 명의 몫과 남는 사탕의 개수를 구하시오.

17(개) ÷ 3(명) = ? (개) … ? (개)

3(명) × 5 (개) = 15(개)이므로 남는 개수는 2 (개)입니다.

나눗셈으로 나타내면 17(개) ÷ 3(명) = 5 (개) … 2 (개)입니다.

그러므로 한 명의 몫은 5 개이고 나머지는 2 개입니다.

78

(2) 사탕 21개를 4명이 똑같이 나누어 가질 때,
한 명의 몫과 남는 사탕의 개수를 구하시오.

21(개) ÷ 4(명) = ? (개) … ? (개)

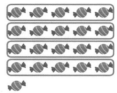

4(명) × 5 (개) = 20(개)이므로 남는 개수는 1 (개)입니다.

나눗셈으로 나타내면 21(개) ÷ 4(명) = 5 (개) … 1 (개)입니다.

그러므로 한 명의 몫은 5 개이고 나머지는 1 개입니다.

79

(3) 사탕 23개를 6명이 똑같이 나누어 가질 때,
한 명의 몫과 남는 사탕의 개수를 구하시오.

23(개) ÷ 6(명) = ? (개) … ? (개)

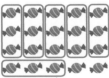

6(명) × 3 (개) = 18(개)이므로 남는 개수는 5 (개)입니다.

나눗셈으로 나타내면 23(개) ÷ 6(명) = 3 (개) … 5 (개)입니다.

그러므로 한 명의 몫은 3 개이고 나머지는 5 개입니다.

80

(4) 사탕 37개를 7명이 똑같이 나누어 가질 때,
한 명의 몫과 남는 사탕의 개수를 구하시오.

37(개) ÷ 7(명) = ? (개) … ? (개)

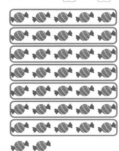

7(명) × 5 (개) = 35(개)이므로 남는 개수는 2 (개)입니다.

나눗셈으로 나타내면 37(개) ÷ 7(명) = 5 (개) … 2 (개)입니다.

그러므로 한 명의 몫은 5 개이고 나머지는 2 개입니다.

81

＋ 정답 ÷

82p

(5) 사탕 43개를 8명이 똑같이 나누어 가질 때,
한 명의 몫과 남는 사탕의 개수를 구하시오.

43(개) $\div$ 8(명) $=$? (개) $\cdots$? (개)

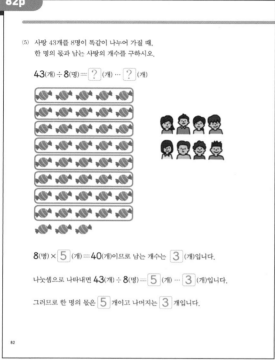

8(명) $\times$ 5 (개) $=$ 40(개)이므로 남는 개수는 3 (개)입니다.

나눗셈으로 나타내면 43(개) $\div$ 8(명) $=$ 5 (개) $\cdots$ 3 (개)입니다.

그러므로 한 명의 몫은 5 개이고 나머지는 3 개입니다.

82

83p

문제 4 | 보기와 같이 ☐ 안에 알맞은 수를 넣으시오.

보기

$7 \div 3 =$ 2 $\cdots$ 1

몫이 2 나머지는 1

$3 \times$ 2 $+$ 1 $= 7$

(1)
$6 \div 4 =$ 1 $\cdots$ 2

몫이 1 나머지는 2

$4 \times$ 1 $+$ 2 $= 6$

(2)
$12 \div 8 =$ 1 $\cdots$ 4

몫이 1 나머지는 4

$8 \times$ 1 $+$ 4 $= 12$

(3)
$27 \div 7 =$ 3 $\cdots$ 6

몫이 3 나머지는 6

$7 \times$ 3 $+$ 6 $= 27$

(4)
$39 \div 5 =$ 7 $\cdots$ 4

몫이 7 나머지는 4

$5 \times$ 7 $+$ 4 $= 39$

(5)
$43 \div 6 =$ 7 $\cdots$ 1

몫이 7 나머지는 1

$6 \times$ 7 $+$ 1 $= 43$

83

89p

2일차 두 자리 수의 나눗셈 (1)

✏️ 공부한 날짜   월   일

문제 1 | 보기와 같이 ☐안에 알맞은 수를 넣으시오.

(1)
$15 \div 6 =$ 2 $\cdots$ 3

몫이 2 나머지는 3

$6 \times$ 2 $+$ 3 $= 15$

(2)
$39 \div 7 =$ 5 $\cdots$ 4

몫이 5 나머지는 4

$7 \times$ 5 $+$ 4 $= 39$

(3)
$26 \div 5 =$ 5 $\cdots$ 1

몫이 5 나머지는 1

$5 \times$ 5 $+$ 1 $= 26$

(4)
$47 \div 8 =$ 5 $\cdots$ 7

몫이 5 나머지는 7

$8 \times$ 5 $+$ 7 $= 47$

89

90p

문제 2 | 보기와 같이 ☐ 안에 알맞은 식과 수를 넣으시오.

보기

$75 \div 8 =$ 9 $\cdots$ 3

$8 \overline{)75}$
  7 2 ← 8×9
  3

$8 \times$ 9 $+$ 3 $= 75$

(1)
$35 \div 8 =$ 4 $\cdots$ 3

$8 \overline{)35}$
  3 2 ← 8×4
  3

$8 \times$ 4 $+$ 3 $= 35$

(2)
$47 \div 7 =$ 6 $\cdots$ 5

$7 \overline{)47}$
  4 2 ← 7×6
  5

$7 \times$ 6 $+$ 5 $= 47$

(3)
$39 \div 4 =$ 9 $\cdots$ 3

$4 \overline{)39}$
  3 6 ← 4×9
  3

$4 \times$ 9 $+$ 3 $= 39$

90

2일차 두 자리 수의 나눗셈(1)

(4) $23 \div 5 = \boxed{4} \cdots \boxed{3}$

$$5 \overline{\smash{)}\, 2\ 3}$$
$$\boxed{4}$$
$$\underline{\boxed{2}\ \boxed{0}} \leftarrow \boxed{5 \times 4}$$
$$\boxed{3}$$

$5 \times \boxed{4} + \boxed{3} = 23$

(5) $35 \div 6 = \boxed{5} \cdots \boxed{5}$

$$6 \overline{\smash{)}\, 3\ 5}$$
$$\boxed{5}$$
$$\underline{\boxed{3}\ \boxed{0}} \leftarrow \boxed{6 \times 5}$$
$$\boxed{5}$$

$6 \times \boxed{5} + \boxed{5} = 35$

(6) $59 \div 8 = \boxed{7} \cdots \boxed{3}$

$$8 \overline{\smash{)}\, 5\ 9}$$
$$\boxed{7}$$
$$\underline{\boxed{5}\ \boxed{6}} \leftarrow \boxed{8 \times 7}$$
$$\boxed{3}$$

$8 \times \boxed{7} + \boxed{3} = 59$

(7) $78 \div 9 = \boxed{8} \cdots \boxed{6}$

$$9 \overline{\smash{)}\, 7\ 8}$$
$$\boxed{8}$$
$$\underline{\boxed{7}\ \boxed{2}} \leftarrow \boxed{9 \times 8}$$
$$\boxed{6}$$

$9 \times \boxed{8} + \boxed{6} = 78$

91

문제 3 | 보기와 같이 나눗셈을 하고 곱셈식으로 나타내시오.

보기
$20 \div 6 = 3 \cdots 2$

$$6 \overline{\smash{)}\, 2\ 0}$$
$$3$$
$$\underline{1\ 8}$$
$$2$$

곱셈식 $6 \times 3 + 2 = 20$

(1) $48 \div 5 = 9 \cdots 3$

$$5 \overline{\smash{)}\, 4\ 8}$$
$$9$$
$$\underline{4\ 5}$$
$$3$$

곱셈식 $5 \times 9 + 3 = 48$

(2) $11 \div 3 = 3 \cdots 2$

$$3 \overline{\smash{)}\, 1\ 1}$$
$$3$$
$$\underline{9}$$
$$2$$

곱셈식 $3 \times 3 + 2 = 11$

(3) $25 \div 9 = 2 \cdots 7$

$$9 \overline{\smash{)}\, 2\ 5}$$
$$2$$
$$\underline{1\ 8}$$
$$7$$

곱셈식 $9 \times 2 + 7 = 25$

문제 3 앞의 문제와 같이 나머지가 있는 나눗셈을 세로식에서 배열하고 곱셈으로 나타낸다.

92

2일차 두 자리 수의 나눗셈(1)

(4) $10 \div 6 = 1 \cdots 4$

$$6 \overline{\smash{)}\, 1\ 0}$$
$$1$$
$$\underline{6}$$
$$4$$

곱셈식 $6 \times 1 + 4 = 10$

(5) $52 \div 7 = 7 \cdots 3$

$$7 \overline{\smash{)}\, 5\ 2}$$
$$7$$
$$\underline{4\ 9}$$
$$3$$

곱셈식 $7 \times 7 + 3 = 52$

(6) $63 \div 8 = 7 \cdots 7$

$$8 \overline{\smash{)}\, 6\ 3}$$
$$7$$
$$\underline{5\ 6}$$
$$7$$

곱셈식 $8 \times 7 + 7 = 63$

(7) $23 \div 4 = 5 \cdots 3$

$$4 \overline{\smash{)}\, 2\ 3}$$
$$5$$
$$\underline{2\ 0}$$
$$3$$

곱셈식 $4 \times 5 + 3 = 23$

93

3 일차 두 자리 수의 나눗셈(2)

🖉 공부한 날짜   월   일

문제 1 | 다음 나눗셈의 몫과 나머지를 구하고 곱셈식으로 나타내시오.

(1) $35 \div 4 = 8 \cdots 3$

$$4 \overline{\smash{)}\, 3\ 5}$$
$$8$$
$$\underline{3\ 2}$$
$$3$$

곱셈식 $4 \times 8 + 3 = 35$

(2) $52 \div 8 = 6 \cdots 4$

$$8 \overline{\smash{)}\, 5\ 2}$$
$$6$$
$$\underline{4\ 8}$$
$$4$$

곱셈식 $8 \times 6 + 4 = 52$

(3) $70 \div 9 = 7 \cdots 7$

$$9 \overline{\smash{)}\, 7\ 0}$$
$$7$$
$$\underline{6\ 3}$$
$$7$$

곱셈식 $9 \times 7 + 7 = 70$

(4) $49 \div 6 = 8 \cdots 1$

$$6 \overline{\smash{)}\, 4\ 9}$$
$$8$$
$$\underline{4\ 8}$$
$$1$$

곱셈식 $6 \times 8 + 1 = 49$

문제 1 나머지가 있는 몫이 한 자리 수인 나눗셈을 세로식에서 배열하고 곱셈으로 나타내는 맛 학습이다.

94

3일차 두 자리 수의 나눗셈 (2)

문제 2 | 보기와 같이 나눗셈을 하고 곱셈식으로 나타내시오.

보기

$$69 \div 2 = 34 \cdots 1$$

십 원짜리 동전 6개를 2묶음으로
나누면 한 묶음에 3개

일 원짜리 동전 9개를 2묶음으로 나누면
한 묶음에 4개씩이고 하나가 남아요!

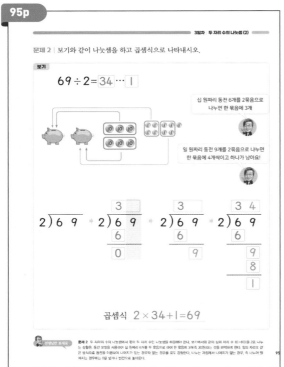

곱셈식 $2 \times 34 + 1 = 69$

문제 2 두 자리의 수의 나눗셈에서 몫의 두 자리 수인 나눗셈을 하였는데 한다. 보기에서와 같이 십의 자리 수 6(=60)을 2로 나누는 상황은 동전 모양을 사용하여 십 원짜리 6개를 두 묶음으로 되어 한 묶음으로 3(개=즉 30)인다는 것을 파악하게 된다. 일의 자리로 같은 방식으로 동전을 이용하여 나머지가 있는 경우와 몫, 나누는 과정에서 나머지가 없는 경우, 즉 나누어 떨어지는 경우에는 0을 빈칸에 써 놓는다.

95

(1) $95 \div 3 = 31 \cdots 2$

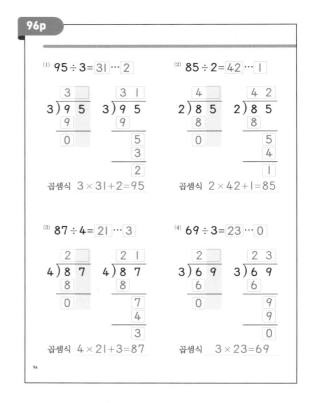

곱셈식 $3 \times 31 + 2 = 95$

(2) $85 \div 2 = 42 \cdots 1$

곱셈식 $2 \times 42 + 1 = 85$

(3) $87 \div 4 = 21 \cdots 3$

곱셈식 $4 \times 21 + 3 = 87$

(4) $69 \div 3 = 23 \cdots 0$

곱셈식 $3 \times 23 = 69$

96

3일차 두 자리 수의 나눗셈 (2)

(5) $62 \div 2 = 31 \cdots 0$

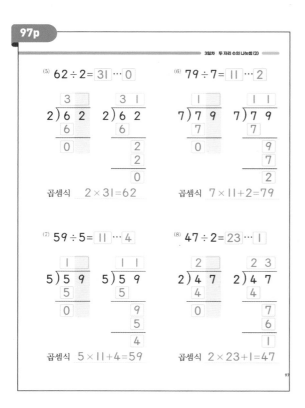

곱셈식 $2 \times 31 = 62$

(6) $79 \div 7 = 11 \cdots 2$

곱셈식 $7 \times 11 + 2 = 79$

(7) $59 \div 5 = 11 \cdots 4$

곱셈식 $5 \times 11 + 4 = 59$

(8) $47 \div 2 = 23 \cdots 1$

곱셈식 $2 \times 23 + 1 = 47$

97

(9) $83 \div 8 = 10 \cdots 3$

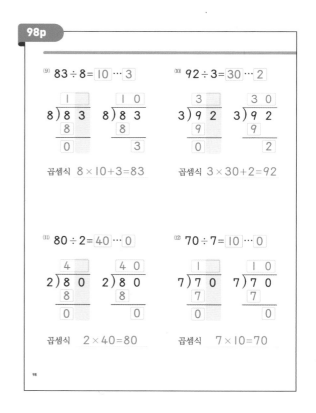

곱셈식 $8 \times 10 + 3 = 83$

(10) $92 \div 3 = 30 \cdots 2$

곱셈식 $3 \times 30 + 2 = 92$

(11) $80 \div 2 = 40 \cdots 0$

곱셈식 $2 \times 40 = 80$

(12) $70 \div 7 = 10 \cdots 0$

곱셈식 $7 \times 10 = 70$

98

3일차 두 자리 수의 나눗셈 (2)

문제 3 | 보기와 같이 나눗셈을 하고 곱셈식으로 나타내시오.

보기

$65 \div 3 = 21 \cdots 2$

```
    2 1
3 ) 6 5
    6
    ───
    5
    3
    ───
    2
```

곱셈식 $3 \times 21 + 2 = 65$

(1) $69 \div 2 = 34 \cdots 1$

```
    3 4
2 ) 6 9
    6
    ───
    9
    8
    ───
    1
```

곱셈식 $2 \times 34 + 1 = 69$

(2) $89 \div 8 = 11 \cdots 1$

```
    1 1
8 ) 8 9
    8
    ───
    9
    8
    ───
    1
```

곱셈식 $8 \times 11 + 1 = 89$

(3) $84 \div 4 = 21 \cdots 0$

```
    2 1
4 ) 8 4
    8
    ───
    4
    4
    ───
    0
```

곱셈식 $4 \times 21 = 84$

선생님과 보세요 문제 3 두 자리의 수의 나눗셈에서 몫이 두 자리 수인 나눗셈을 세로식에서 해결하고 곱셈식으로 나타낸다. 십의 자리에서 나머지가 없는 나눗셈이다.

99

3일차 두 자리 수의 나눗셈 (2)

(4) $98 \div 3 = 32 \cdots 2$

```
    3 2
3 ) 9 8
    9
    ───
    8
    6
    ───
    2
```

곱셈식 $3 \times 32 + 2 = 98$

(5) $77 \div 7 = 11 \cdots 0$

```
    1 1
7 ) 7 7
    7
    ───
    7
    7
    ───
    0
```

곱셈식 $7 \times 11 = 77$

(6) $81 \div 2 = 40 \cdots 1$

```
    4 0
2 ) 8 1
    8
    ───
    1
```

곱셈식 $2 \times 40 + 1 = 81$

(7) $40 \div 2 = 20 \cdots 0$

```
    2 0
2 ) 4 0
    4
    ───
    0
```

곱셈식 $2 \times 20 = 40$

100

4 일차 두 자리 수의 나눗셈 (3)

✏ 공부한 날짜   월   일

문제 1 | 나눗셈을 하고 곱셈식으로 나타내시오.

(1) $65 \div 3 = 21 \cdots 2$

```
    2 1
3 ) 6 5
    6
    ───
    5
    3
    ───
    2
```

곱셈식 $3 \times 21 + 2 = 65$

(2) $47 \div 4 = 11 \cdots 3$

```
    1 1
4 ) 4 7
    4
    ───
    7
    4
    ───
    3
```

곱셈식 $4 \times 11 + 3 = 47$

(3) $61 \div 6 = 10 \cdots 1$

```
    1 0
6 ) 6 1
    6 0
    ───
    1
```

곱셈식 $6 \times 10 + 1 = 61$

(4) $83 \div 4 = 20 \cdots 3$

```
    2 0
4 ) 8 3
    8 0
    ───
    3
```

곱셈식 $4 \times 20 + 3 = 83$

선생님과 보세요 문제 1 나머지가 있는 몫이 한 자리 또는 두 자리인 나눗셈을 세로식에서 해결하고 곱셈식으로 나타내는 말 자녀 복습한다.

101

문제 2 | 보기와 같이 나눗셈을 하고 곱셈식으로 나타내시오.

보기

$71 \div 3 = \boxed{23} \cdots \boxed{2}$

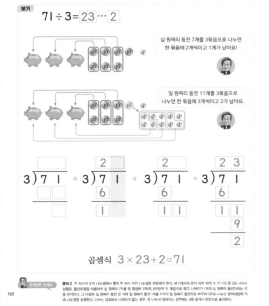

십 원짜리 동전 7개를 3묶음으로 나누면 한 묶음에 2개씩이고 1개가 남아요!

일 원짜리 동전 11개를 3묶음으로 나누면 한 묶음에 3개씩이고 2가 남아요.

곱셈식 $3 \times 23 + 2 = 71$

선생님과 보세요 문제 2 두 자리의 수의 나눗셈에서 몫이 두 자리 수인 나눗셈을 해결한다. 보기에서와 같이 앞의 숫자 수 71÷3을 2을 나누는 상황을, 동전(지폐)을 사용하여 십 원에서의 기법을 한 묶음에 3개로, 60원에서 두 묶음으로 묶고 나머지가 1개의 십 원짜리 동전이라는 것을 의미한다. 그 다음에 십 원짜리 동전이 한 개의 십 원에서 동전 1개를 다시 일 원짜리 동전으로 바꾸어 3으로 나누는 상황이라는 데 나눗셈을 실행한다. 나누는 과정에서 나머지가 없는 경우, 즉 나누어 떨어지는 경우에는 0을 넣거나 빈칸으로 둔다.

102

103p

4일차 두 자리 수의 나눗셈 (3)

(1) $73 \div 2 = \boxed{36} \cdots \boxed{1}$

$$\begin{array}{r} 3 \\ 2)\overline{7\ 3} \\ \underline{6} \\ 1 \end{array} \qquad \begin{array}{r} 3\ 6 \\ 2)\overline{7\ 3} \\ \underline{6} \\ 1\ 3 \\ \underline{1\ 2} \\ 1 \end{array}$$

곱셈식 $2 \times 36 + 1 = 73$

(2) $71 \div 3 = \boxed{23} \cdots \boxed{2}$

$$\begin{array}{r} 2 \\ 3)\overline{7\ 1} \\ \underline{6} \\ 1 \end{array} \qquad \begin{array}{r} 2\ 3 \\ 3)\overline{7\ 1} \\ \underline{6} \\ 1\ 1 \\ \underline{9} \\ 2 \end{array}$$

곱셈식 $3 \times 23 + 2 = 71$

(3) $85 \div 5 = \boxed{17} \cdots \boxed{0}$

$$\begin{array}{r} 1 \\ 5)\overline{8\ 5} \\ \underline{5} \\ 3 \end{array} \qquad \begin{array}{r} 1\ 7 \\ 5)\overline{8\ 5} \\ \underline{5} \\ 3\ 5 \\ \underline{3\ 5} \\ 0 \end{array}$$

곱셈식 $5 \times 17 = 85$

(4) $97 \div 2 = \boxed{48} \cdots \boxed{1}$

$$\begin{array}{r} 4 \\ 2)\overline{9\ 7} \\ \underline{8} \\ 1 \end{array} \qquad \begin{array}{r} 4\ 8 \\ 2)\overline{9\ 7} \\ \underline{8} \\ 1\ 7 \\ \underline{1\ 6} \\ 1 \end{array}$$

곱셈식 $2 \times 48 + 1 = 97$

103

104p

(5) $82 \div 7 = \boxed{11} \cdots \boxed{5}$

$$\begin{array}{r} 1 \\ 7)\overline{8\ 2} \\ \underline{7} \\ 1 \end{array} \qquad \begin{array}{r} 1\ 1 \\ 7)\overline{8\ 2} \\ \underline{7} \\ 1\ 2 \\ \underline{7} \\ 5 \end{array}$$

곱셈식 $7 \times 11 + 5 = 82$

(6) $76 \div 4 = \boxed{19}$

$$\begin{array}{r} 1 \\ 4)\overline{7\ 6} \\ \underline{4} \\ 3 \end{array} \qquad \begin{array}{r} 1\ 9 \\ 4)\overline{7\ 6} \\ \underline{4} \\ 3\ 6 \\ \underline{3\ 6} \\ 0 \end{array}$$

곱셈식 $4 \times 19 = 76$

(7) $83 \div 6 = \boxed{13} \cdots \boxed{5}$

$$\begin{array}{r} 1 \\ 6)\overline{8\ 3} \\ \underline{6} \\ 2 \end{array} \qquad \begin{array}{r} 1\ 3 \\ 6)\overline{8\ 3} \\ \underline{6} \\ 2\ 3 \\ \underline{1\ 8} \\ 5 \end{array}$$

곱셈식 $6 \times 13 + 5 = 83$

(8) $97 \div 8 = \boxed{12} \cdots \boxed{1}$

$$\begin{array}{r} 1 \\ 8)\overline{9\ 7} \\ \underline{8} \\ 1 \end{array} \qquad \begin{array}{r} 1\ 2 \\ 8)\overline{9\ 7} \\ \underline{8} \\ 1\ 7 \\ \underline{1\ 6} \\ 1 \end{array}$$

곱셈식 $8 \times 12 + 1 = 97$

104

105p

4일차 두 자리 수의 나눗셈 (3)

(9) $80 \div 3 = \boxed{26} \cdots \boxed{2}$

$$\begin{array}{r} 2 \\ 3)\overline{8\ 0} \\ \underline{6} \\ 2 \end{array} \qquad \begin{array}{r} 2\ 6 \\ 3)\overline{8\ 0} \\ \underline{6} \\ 2\ 0 \\ \underline{1\ 8} \\ 2 \end{array}$$

곱셈식 $3 \times 26 + 2 = 80$

(10) $90 \div 4 = \boxed{22} \cdots \boxed{2}$

$$\begin{array}{r} 2 \\ 4)\overline{9\ 0} \\ \underline{8} \\ 1 \end{array} \qquad \begin{array}{r} 2\ 2 \\ 4)\overline{9\ 0} \\ \underline{8} \\ 1\ 0 \\ \underline{8} \\ 2 \end{array}$$

곱셈식 $4 \times 22 + 2 = 90$

(11) $70 \div 2 = \boxed{35}$

$$\begin{array}{r} 3 \\ 2)\overline{7\ 0} \\ \underline{6} \\ 1 \end{array} \qquad \begin{array}{r} 3\ 5 \\ 2)\overline{7\ 0} \\ \underline{6} \\ 1\ 0 \\ \underline{1\ 0} \\ 0 \end{array}$$

곱셈식 $2 \times 35 = 70$

(12) $90 \div 7 = \boxed{12} \cdots \boxed{6}$

$$\begin{array}{r} 1 \\ 7)\overline{9\ 0} \\ \underline{7} \\ 2 \end{array} \qquad \begin{array}{r} 1\ 2 \\ 7)\overline{9\ 0} \\ \underline{7} \\ 2\ 0 \\ \underline{1\ 4} \\ 6 \end{array}$$

곱셈식 $7 \times 12 + 6 = 90$

105

106p

문제 3 | 보기와 같이 나눗셈을 하고 곱셈식으로 나타내시오.

보기

$89 \div 7 = 12 \cdots 5$

$$\begin{array}{r} 1\ 2 \\ 7)\overline{8\ 9} \\ \underline{7} \\ 1\ 9 \\ \underline{1\ 4} \\ 5 \end{array}$$

곱셈식 $7 \times 12 + 5 = 89$

(1) $59 \div 2 = 29 \cdots 1$

$$\begin{array}{r} 2\ 9 \\ 2)\overline{5\ 9} \\ \underline{4} \\ 1\ 9 \\ \underline{1\ 8} \\ 1 \end{array}$$

곱셈식 $2 \times 29 + 1 = 59$

(2) $83 \div 7 = \boxed{11} \cdots \boxed{6}$

$$\begin{array}{r} 1\ 1 \\ 7)\overline{8\ 3} \\ \underline{7} \\ 1\ 3 \\ \underline{7} \\ 6 \end{array}$$

곱셈식 $7 \times 11 + 6 = 83$

(3) $81 \div 3 = 27 \cdots 0$

$$\begin{array}{r} 2\ 7 \\ 3)\overline{8\ 1} \\ \underline{6} \\ 2\ 1 \\ \underline{2\ 1} \\ 0 \end{array}$$

곱셈식 $3 \times 27 = 81$

문제 3 두 자리 수의 나눗셈에서 몫이 두 자리 수인 나눗셈을 세로식에서 계산하고 곱셈으로 나타낸다. 단, 십의 자리에서 나머지가 있다.

106

184

4일차 두 자리 수의 나눗셈 (3)

(4) $95 \div 4 = 23 \cdots 3$

$$4 \overline{)95}$$
23
8
15
12
3

곱셈식 $4 \times 23 + 3 = 95$

(5) $80 \div 7 = 11 \cdots 3$

$$7 \overline{)80}$$
11
7
10
7
3

곱셈식 $7 \times 11 + 3 = 80$

(6) $30 \div 2 = 15 \cdots 0$

$$2 \overline{)30}$$
15
3
10
10
0

곱셈식 $2 \times 15 = 30$

(7) $70 \div 3 = 23 \cdots 1$

$$3 \overline{)70}$$
23
6
10
9
1

곱셈식 $3 \times 23 + 1 = 70$

107

5일차   세 자리 수의 나눗셈(1)

📝 공부한 날짜   월   일

문제 1 | 나눗셈을 하고 곱셈식으로 나타내시오.

(1) $97 \div 2 = 48 \cdots 1$

$$2 \overline{)97}$$
48
8
17
16
1

곱셈식 $2 \times 48 + 1 = 97$

(1) $83 \div 3 = 27 \cdots 2$

$$3 \overline{)83}$$
27
6
23
21
2

곱셈식 $3 \times 27 + 2 = 83$

(3) $90 \div 7 = 12 \cdots 6$

$$7 \overline{)90}$$
12
7
20
14
6

곱셈식 $7 \times 12 + 6 = 90$

(4) $60 \div 4 = 15 \cdots 0$

$$4 \overline{)60}$$
15
4
20
20
6

곱셈식 $4 \times 15 = 60$

선생님과 보세요 | 문제 1 앞에 두 자리 수인 두 자리 수의 나눗셈 복습이니

108

(5) $95 \div 3 = 31 \cdots 2$

$$3 \overline{)95}$$
31
9
5
3
2

곱셈식 $3 \times 31 + 2 = 95$

(6) $64 \div 2 = 32 \cdots 0$

$$2 \overline{)64}$$
32
6
4
4
0

곱셈식 $2 \times 32 = 64$

(7) $65 \div 3 = 21 \cdots 2$

$$3 \overline{)65}$$
21
6
5
3
2

곱셈식 $3 \times 21 + 2 = 65$

(8) $84 \div 2 = 42 \cdots 0$

$$2 \overline{)84}$$
42
8
4
4
0

곱셈식 $2 \times 42 = 84$

109

문제 2 | 보기와 같이 나눗셈을 하고 곱셈식으로 나타내시오.

보기

$$143 \div 2 = \boxed{71} \cdots \boxed{1}$$

백 원짜리 동전 1개를
십 원짜리 동전 10개로 바꿔요!

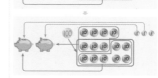
십 원짜리 동전 14개를 2묶음으로
나누면 한 묶음에 7개예요!

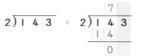
일 원짜리 동전 3개를 2묶음으로
나누면 한 묶음에 1개씩이고
남은 개수는 1개예요!

$$2 \overline{)143}$$
➡
$$2 \overline{)143}$$
7
14
0
➡
$$2 \overline{)143}$$
71
14
3
2
1

곱셈식 $2 \times 71 + 1 = 143$

선생님과 보세요 | 문제 2 세 자리 수를 한 자리 수로 나누는 나눗셈이다.

110

185

＋ 정답 ÷

5일차 세 자리 수의 나눗셈 (1)

(1) $217 \div 3 = 72 \cdots 1$

$$\begin{array}{r} 7 \\ 3\overline{)2\,1\,7} \\ 2\,1 \\ \hline 0 \end{array}$$

$$\begin{array}{r} 7\,2 \\ 3\overline{)2\,1\,7} \\ 2\,1 \\ \hline 7 \\ 6 \\ \hline 1 \end{array}$$

곱셈식 $3 \times 72 + 1 = 217$

(2) $569 \div 7 = 81 \cdots 2$

$$\begin{array}{r} 8 \\ 7\overline{)5\,6\,9} \\ 5\,6 \\ \hline 0 \end{array}$$

$$\begin{array}{r} 8\,1 \\ 7\overline{)5\,6\,9} \\ 5\,6 \\ \hline 9 \\ 7 \\ \hline 2 \end{array}$$

곱셈식 $7 \times 81 + 2 = 569$

(3) $186 \div 2 = 93 \cdots 0$

$$\begin{array}{r} 9 \\ 2\overline{)1\,8\,6} \\ 1\,8 \\ \hline 0 \end{array}$$

$$\begin{array}{r} 9\,3 \\ 2\overline{)1\,8\,6} \\ 1\,8 \\ \hline 6 \\ 6 \\ \hline 0 \end{array}$$

곱셈식 $2 \times 93 = 186$

(4) $127 \div 4 = 31 \cdots 3$

$$\begin{array}{r} 3 \\ 4\overline{)1\,2\,7} \\ 1\,2 \\ \hline 0 \end{array}$$

$$\begin{array}{r} 3\,1 \\ 4\overline{)1\,2\,7} \\ 1\,2 \\ \hline 7 \\ 4 \\ \hline 3 \end{array}$$

곱셈식 $4 \times 31 + 3 = 127$

111

(5) $726 \div 9 = 80 \cdots 6$

$$\begin{array}{r} 8 \\ 9\overline{)7\,2\,6} \\ 7\,2 \\ \hline 0 \end{array}$$

$$\begin{array}{r} 8\,0 \\ 9\overline{)7\,2\,6} \\ 7\,2 \\ \hline 6 \end{array}$$

곱셈식 $9 \times 80 + 6 = 726$

(6) $493 \div 7 = 70 \cdots 3$

$$\begin{array}{r} 7 \\ 7\overline{)4\,9\,3} \\ 4\,9 \\ \hline 0 \end{array}$$

$$\begin{array}{r} 7\,0 \\ 7\overline{)4\,9\,3} \\ 4\,9 \\ \hline 3 \end{array}$$

곱셈식 $7 \times 70 + 3 = 493$

(7) $305 \div 6 = 50 \cdots 5$

$$\begin{array}{r} 5 \\ 6\overline{)3\,0\,5} \\ 3\,0 \\ \hline 0 \end{array}$$

$$\begin{array}{r} 5\,0 \\ 6\overline{)3\,0\,5} \\ 3\,0 \\ \hline 5 \end{array}$$

곱셈식 $6 \times 50 + 5 = 305$

(8) $201 \div 5 = 40 \cdots 1$

$$\begin{array}{r} 4 \\ 5\overline{)2\,0\,1} \\ 2\,0 \\ \hline 0 \end{array}$$

$$\begin{array}{r} 4\,0 \\ 5\overline{)2\,0\,1} \\ 2\,0 \\ \hline 1 \end{array}$$

곱셈식 $5 \times 40 + 1 = 201$

112

5일차 세 자리 수의 나눗셈 (1)

(9) $640 \div 8 = 80 \cdots 0$

$$\begin{array}{r} 8 \\ 8\overline{)6\,4\,0} \\ 6\,4 \\ \hline 0 \end{array}$$

$$\begin{array}{r} 8\,0 \\ 8\overline{)6\,4\,0} \\ 6\,4 \\ \hline 0 \end{array}$$

곱셈식 $8 \times 80 = 640$

(10) $270 \div 3 = 90 \cdots 0$

$$\begin{array}{r} 9 \\ 3\overline{)2\,7\,0} \\ 2\,7 \\ \hline 0 \end{array}$$

$$\begin{array}{r} 9\,0 \\ 3\overline{)2\,7\,0} \\ 2\,7 \\ \hline 0 \end{array}$$

곱셈식 $3 \times 90 = 270$

(11) $400 \div 8 = 50 \cdots 0$

$$\begin{array}{r} 5 \\ 8\overline{)4\,0\,0} \\ 4\,0 \\ \hline 0 \end{array}$$

$$\begin{array}{r} 5\,0 \\ 8\overline{)4\,0\,0} \\ 4\,0 \\ \hline 0 \end{array}$$

곱셈식 $8 \times 50 = 400$

(12) $300 \div 5 = 60 \cdots 0$

$$\begin{array}{r} 6 \\ 5\overline{)3\,0\,0} \\ 3\,0 \\ \hline 0 \end{array}$$

$$\begin{array}{r} 6\,0 \\ 5\overline{)3\,0\,0} \\ 3\,0 \\ \hline 0 \end{array}$$

곱셈식 $5 \times 60 = 300$

113

문제 3 | 보기와 같이 나눗셈을 하고 곱셈식으로 나타내시오.

보기

$157 \div 3 = 52 \cdots 1$

$$\begin{array}{r} 5\,2 \\ 3\overline{)1\,5\,7} \\ 1\,5 \\ \hline 7 \\ 6 \\ \hline 1 \end{array}$$

곱셈식 $3 \times 52 + 1 = 156$

(1) $457 \div 5 = 91 \cdots 2$

$$\begin{array}{r} 9\,1 \\ 5\overline{)4\,5\,7} \\ 4\,5 \\ \hline 7 \\ 5 \\ \hline 2 \end{array}$$

곱셈식 $5 \times 91 + 2 = 457$

(2) $149 \div 2 = 74 \cdots 1$

$$\begin{array}{r} 7\,4 \\ 2\overline{)1\,4\,9} \\ 1\,4 \\ \hline 9 \\ 8 \\ \hline 1 \end{array}$$

곱셈식 $2 \times 74 + 1 = 149$

(3) $248 \div 4 = 62 \cdots 0$

$$\begin{array}{r} 6\,2 \\ 4\overline{)2\,4\,8} \\ 2\,4 \\ \hline 8 \\ 8 \\ \hline 0 \end{array}$$

곱셈식 $4 \times 62 = 248$

 선생님의 보세요 문제 3 [문제 3]가 세 자리 수를 한 자리 수로 나누는 나눗셈을 세움식에서 연습하여 나눗셈 절차를 완전히 익힌다.

114

5일차 세 자리 수의 나눗셈 (1)

(4) $127 \div 3 = 42 \cdots 1$

```
       4 2
   3 ) 1 2 7
       1 2
         7
         6
         1
```

곱셈식 $3 \times 42 + 1 = 127$

(5) $104 \div 5 = 20 \cdots 4$

```
       2 0
   5 ) 1 0 4
       1 0
         4
```

곱셈식 $5 \times 20 + 4 = 104$

(6) $630 \div 9 = 70 \cdots 0$

```
       7 0
   9 ) 6 3 0
       6 3
         0
```

곱셈식 $9 \times 70 = 630$

(7) $420 \div 7 = 60 \cdots 0$

```
       6 0
   7 ) 4 2 0
       4 2
         0
```

곱셈식 $7 \times 60 = 420$

115

6 일차 세 자리 수의 나눗셈 (2)

✎ 공부한 날짜   월   일

문제 1 | 보기와 같이 나눗셈을 하고 곱셈식으로 나타내시오.

(1) $167 \div 2 = 83 \cdots 1$

```
       8 3
   2 ) 1 6 7
       1 6
         7
         6
         1
```

곱셈식 $2 \times 83 + 1 = 167$

(2) $309 \div 6 = 51 \cdots 3$

```
       5 1
   6 ) 3 0 9
       3 0
         9
         6
         3
```

곱셈식 $6 \times 51 + 3 = 309$

(3) $400 \div 5 = 80 \cdots 0$

```
       8 0
   5 ) 4 0 0
       4 0
         0
```

곱셈식 $5 \times 80 = 400$

(4) $160 \div 4 = 40 \cdots 0$

```
       4 0
   4 ) 1 6 0
       1 6
         0
```

곱셈식 $4 \times 40 = 160$

선생님과 풀어요 문제 1 몫이 두 자리 수인 세 자리 수의 나눗셈 학습이다

116

6일차 세 자리 수의 나눗셈 (2)

문제 2 | 보기와 같이 나눗셈을 하고 곱셈식으로 나타내시오.

보기

$136 \div 3 = \boxed{45} \cdots \boxed{1}$

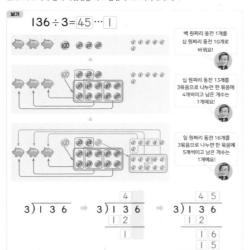

백 원짜리 동전 1개를 십 원짜리 동전 10개로 바꿔요!

십 원짜리 동전 13개를 3묶음으로 나누면 한 묶음에 4개씩이고 남은 개수는 1개예요!

일 원짜리 동전 16개를 3묶음으로 나누면 한 묶음에 5개씩이고 남은 개수는 1개예요!

```
   3 ) 1 3 6    →    3 ) 1 3 6    →    3 ) 1 3 6
                        4                  4 5
                        1 2                1 2
                          1                  1 6
                                             1 5
                                               1
```

곱셈식 $3 \times 45 + 1 = 136$

선생님과 풀어요 문제 2 세 자리 수를 한 자리 수로 나누는 나눗셈이다. 맨 첫자리 나뉠 경우, 예를 들어 '06÷3에서 00을 3으로 나눌 때, 나눗셈 10이 나타난다는 점이다. 보기 그림에 제시된 동전 모형에 의해 받아내림의 과정을 파악해나면서 세로셈을 익힌다.

117

(1) $139 \div 4 = 34 \cdots 3$

```
       3              3 4
   4 ) 1 3 9      4 ) 1 3 9
       1 2            1 2
         1            1 9
                      1 6
                        3
```

곱셈식 $4 \times 34 + 3 = 139$

(2) $172 \div 5 = 34 \cdots 2$

```
       3              3 4
   5 ) 1 7 2      5 ) 1 7 2
       1 5            1 5
         2            2 2
                      2 0
                        2
```

곱셈식 $5 \times 34 + 2 = 172$

(3) $196 \div 2 = 98 \cdots 0$

```
       9              9 8
   2 ) 1 9 6      2 ) 1 9 6
       1 8            1 8
         1            1 6
                      1 6
                        0
```

곱셈식 $2 \times 98 = 196$

(4) $384 \div 5 = 76 \cdots 4$

```
       7              7 6
   5 ) 3 8 4      5 ) 3 8 4
       3 5            3 5
         3            3 4
                      3 0
                        4
```

곱셈식 $5 \times 76 + 4 = 384$

118

+ 정답 ÷

119p

6일차 세 자리 수의 나눗셈 (2)

(5) $531 \div 9 = 59 \cdots 0$

$$
\begin{array}{r}
5 \\
9)\overline{531} \\
45 \\
\hline 8
\end{array}
\qquad
\begin{array}{r}
59 \\
9)\overline{531} \\
45 \\
\hline 81 \\
81 \\
\hline 0
\end{array}
$$

곱셈식 $9 \times 59 = 531$

(6) $102 \div 7 = 14 \cdots 4$

$$
\begin{array}{r}
1 \\
7)\overline{102} \\
7 \\
\hline 3
\end{array}
\qquad
\begin{array}{r}
14 \\
7)\overline{102} \\
7 \\
\hline 32 \\
28 \\
\hline 4
\end{array}
$$

곱셈식 $7 \times 14 + 4 = 102$

(7) $605 \div 9 = 67 \cdots 2$

$$
\begin{array}{r}
6 \\
9)\overline{605} \\
54 \\
\hline 6
\end{array}
\qquad
\begin{array}{r}
67 \\
9)\overline{605} \\
54 \\
\hline 65 \\
63 \\
\hline 2
\end{array}
$$

곱셈식 $9 \times 67 + 2 = 605$

(8) $260 \div 3 = 86 \cdots 2$

$$
\begin{array}{r}
8 \\
3)\overline{260} \\
24 \\
\hline 2
\end{array}
\qquad
\begin{array}{r}
86 \\
3)\overline{260} \\
24 \\
\hline 20 \\
18 \\
\hline 2
\end{array}
$$

곱셈식 $3 \times 86 + 2 = 260$

120p

6일차 세 자리 수의 나눗셈 (2)

(9) $230 \div 6 = 38 \cdots 2$

$$
\begin{array}{r}
3 \\
6)\overline{230} \\
18 \\
\hline 5
\end{array}
\qquad
\begin{array}{r}
38 \\
6)\overline{230} \\
18 \\
\hline 50 \\
48 \\
\hline 2
\end{array}
$$

곱셈식 $6 \times 38 + 2 = 230$

(10) $120 \div 8 = 15 \cdots 0$

$$
\begin{array}{r}
1 \\
8)\overline{120} \\
8 \\
\hline 4
\end{array}
\qquad
\begin{array}{r}
15 \\
8)\overline{120} \\
8 \\
\hline 40 \\
40 \\
\hline 0
\end{array}
$$

곱셈식 $8 \times 15 = 120$

(11) $305 \div 7 = 43 \cdots 4$

$$
\begin{array}{r}
4 \\
7)\overline{305} \\
28 \\
\hline 2
\end{array}
\qquad
\begin{array}{r}
43 \\
7)\overline{305} \\
28 \\
\hline 25 \\
21 \\
\hline 4
\end{array}
$$

곱셈식 $7 \times 43 + 4 = 305$

(12) $100 \div 4 = 25 \cdots 0$

$$
\begin{array}{r}
2 \\
4)\overline{100} \\
8 \\
\hline 2
\end{array}
\qquad
\begin{array}{r}
25 \\
4)\overline{100} \\
8 \\
\hline 20 \\
20 \\
\hline 0
\end{array}
$$

곱셈식 $4 \times 25 = 100$

121p

6일차 세 자리 수의 나눗셈 (2)

문제 3 | 보기와 같이 나눗셈을 하고 곱셈식으로 나타내시오.

보기
$175 \div 3 = 58 \cdots 1$

$$
\begin{array}{r}
58 \\
3)\overline{175} \\
15 \\
\hline 25 \\
24 \\
\hline 1
\end{array}
$$

곱셈식 $3 \times 58 + 1 = 175$

(1) $137 \div 2 = 68 \cdots 1$

$$
\begin{array}{r}
68 \\
2)\overline{137} \\
12 \\
\hline 17 \\
16 \\
\hline 1
\end{array}
$$

곱셈식 $2 \times 68 + 1 = 137$

(2) $354 \div 8 = 44 \cdots 2$

$$
\begin{array}{r}
44 \\
8)\overline{354} \\
32 \\
\hline 34 \\
32 \\
\hline 2
\end{array}
$$

곱셈식 $8 \times 44 + 2 = 354$

(3) $623 \div 7 = 89 \cdots 0$

$$
\begin{array}{r}
89 \\
7)\overline{623} \\
56 \\
\hline 63 \\
63 \\
\hline 0
\end{array}
$$

곱셈식 $7 \times 89 = 623$

문제 3 <문제 7>의 세 자리 한 자리 수로 나누는 나눗셈을 세로셈에서 연습하고 나눗셈 실력을 완전히 익힌다.

122p

6일차 세 자리 수의 나눗셈 (2)

(4) $419 \div 5 = 83 \cdots 4$

$$
\begin{array}{r}
83 \\
5)\overline{419} \\
40 \\
\hline 19 \\
15 \\
\hline 4
\end{array}
$$

곱셈식 $5 \times 83 + 4 = 419$

(5) $372 \div 4 = 93 \cdots 0$

$$
\begin{array}{r}
93 \\
4)\overline{372} \\
36 \\
\hline 12 \\
12 \\
\hline 0
\end{array}
$$

곱셈식 $4 \times 93 = 372$

(6) $509 \div 6 = 84 \cdots 5$

$$
\begin{array}{r}
84 \\
6)\overline{509} \\
48 \\
\hline 29 \\
24 \\
\hline 5
\end{array}
$$

곱셈식 $6 \times 84 + 5 = 509$

(7) $410 \div 9 = 45 \cdots 5$

$$
\begin{array}{r}
45 \\
9)\overline{410} \\
36 \\
\hline 50 \\
45 \\
\hline 5
\end{array}
$$

곱셈식 $9 \times 45 + 5 = 410$

188

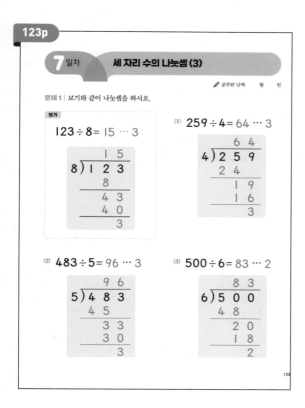

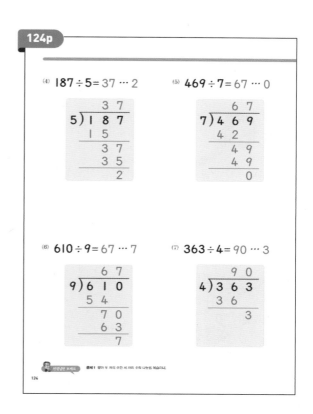

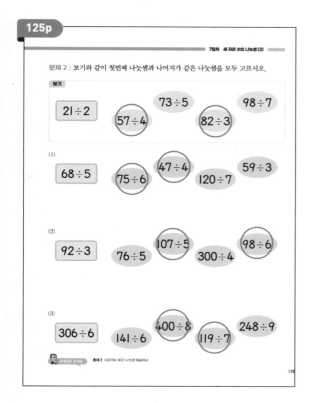

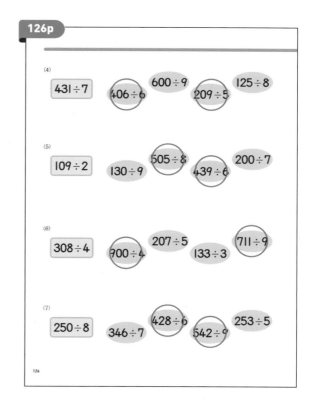

정답

7일차 세 자리 수의 나눗셈(3)

문제 3 | 문제를 읽고 식으로 나타내어 답을 쓰시오.

(1) 색테이프 84cm를 7cm씩 똑같이 자르면 몇 조각을 만들 수 있을까요?

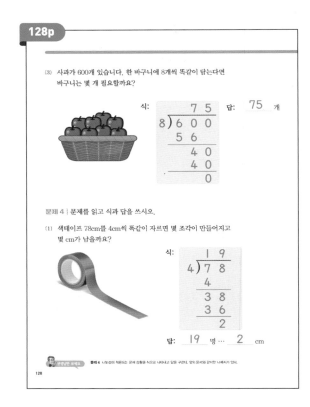

식:
```
      1 2
  7 ) 8 4
      7
      1 4
      1 4
          0
```
답: 12 조각

(2) 마스크 150장을 6장씩 똑같이 나누어 주려고 합니다. 모두 몇 명에게 줄 수 있을까요?

식:
```
        2 5
  6 ) 1 5 0
      1 2
        3 0
        3 0
            0
```
답: 25 명

문제 3 나눗셈이 적용되는 문제 상황을 식으로 나타내고 답을 구한다.

127

(3) 사과가 600개 있습니다. 한 바구니에 8개씩 똑같이 담는다면 바구니는 몇 개 필요할까요?

식:
```
        7 5
  8 ) 6 0 0
      5 6
        4 0
        4 0
            0
```
답: 75 개

문제 4 | 문제를 읽고 식과 답을 쓰시오.

(1) 색테이프 78cm를 4cm씩 똑같이 자르면 몇 조각이 만들어지고 몇 cm가 남을까요?

식:
```
        1 9
  4 ) 7 8
      4
      3 8
      3 6
          2
```
답: 19 명 … 2 cm

문제 4 나눗셈이 적용되는 문제 상황을 식으로 나타내고 답을 구한다. 양쪽 문제의 잠깐! 나머지가 있다.

128

7일차 세 자리 수의 나눗셈(3)

(2) 마스크 139장을 3장씩 똑같이 나누어 주려고 합니다. 모두 몇 명에게 주고 몇 장이 남을까요?

식:
```
        4 6
  3 ) 1 3 9
      1 2
        1 9
        1 8
            1
```

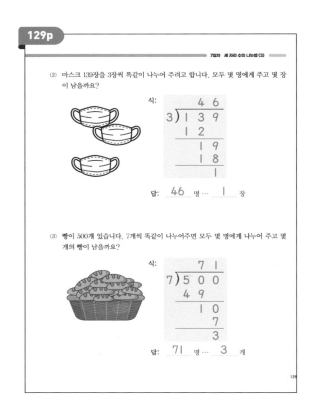

답: 46 명 … 1 장

(3) 빵이 500개 있습니다. 7개씩 똑같이 나누어주면 모두 몇 명에게 나누어 주고 몇 개의 빵이 남을까요?

식:
```
        7 1
  7 ) 5 0 0
      4 9
        1 0
          7
          3
```

답: 71 명 … 3 개

129

8 일차 나눗셈 연습 (1)

✏ 공부한 날짜   월   일

문제 1 | 나눗셈을 하고 곱셈식으로 나타내시오.

(1) $375 \div 4 = 93 \cdots 3$
```
        9 3
  4 ) 3 7 5
      3 6
        1 5
        1 2
            3
```
곱셈식 $4 \times 93 + 3 = 375$

(2) $413 \div 6 = 68 \cdots 5$
```
        6 8
  6 ) 4 1 3
      3 6
        5 3
        4 8
            5
```
곱셈식 $6 \times 68 + 5 = 413$

(3) $648 \div 7 = 92 \cdots 4$
```
        9 2
  7 ) 6 4 8
      6 3
        1 8
        1 4
            4
```
곱셈식 $7 \times 92 + 4 = 648$

(4) $356 \div 6 = 59 \cdots 2$
```
        5 9
  6 ) 3 5 6
      3 0
        5 6
        5 4
            2
```
곱셈식 $6 \times 59 + 2 = 356$

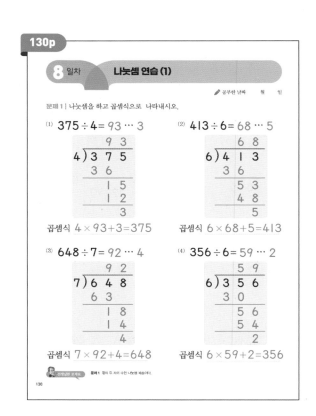

문제 1 몫이 두 자리 수인 나눗셈 복습이다.

130

132p

(1) $742 \div 3 = \boxed{247} \cdots \boxed{1}$

```
      2           2 4          2 4 7
   3)7 4 2      3)7 4 2      3)7 4 2
     6            6            6
     1           1 4          1 4
                 1 2          1 2
                               2 2
                               2 1
                                 1
```

곱셈식 $3 \times 247 + 1 = 742$

(2) $958 \div 4 = \boxed{239} \cdots \boxed{2}$

```
      2           2 3          2 3 9
   4)9 5 8      4)9 5 8      4)9 5 8
     8            8            8
     1           1 5          1 5
                 1 2          1 2
                   3            3 8
                               3 6
                                 2
```

곱셈식 $4 \times 239 + 2 = 958$

133p

(3) $865 \div 5 = \boxed{173} \cdots \boxed{0}$

```
      1           1 7          1 7 3
   5)8 6 5      5)8 6 5      5)8 6 5
     5            5            5
     3           3 6          3 6
                 3 5          3 5
                   1            1 5
                               1 5
                                 0
```

곱셈식 $5 \times 173 = 865$

(4) $971 \div 2 = \boxed{485} \cdots \boxed{1}$

```
      4           4 8          4 8 5
   2)9 7 1      2)9 7 1      2)9 7 1
     8            8            8
     1           1 7          1 7
                 1 6          1 6
                   1            1 1
                               1 0
                                 1
```

곱셈식 $2 \times 485 + 1 = 971$

134p

(5) $719 \div 2 = \boxed{359} \cdots \boxed{1}$

```
      3           3 5          3 5 9
   2)7 1 9      2)7 1 9      2)7 1 9
     6            6            6
     1           1 1          1 1
                 1 0          1 0
                   1            1 9
                               1 8
                                 1
```

곱셈식 $2 \times 359 + 1 = 719$

(6) $825 \div 3 = \boxed{275} \cdots \boxed{0}$

```
      2           2 7          2 7 5
   3)8 2 5      3)8 2 5      3)8 2 5
     6            6            6
     2           2 2          2 2
                 2 1          2 1
                   1            1 5
                               1 5
                                 0
```

곱셈식 $3 \times 275 = 825$

135p

(7) $704 \div 6 = \boxed{117} \cdots \boxed{2}$

```
      1           1 1          1 1 7
   6)7 0 4      6)7 0 4      6)7 0 4
     6            6            6
     1           1 0          1 0
                   6            6
                   4            4 4
                               4 2
                                 2
```

곱셈식 $6 \times 117 + 2 = 704$

(8) $903 \div 7 = \boxed{129} \cdots \boxed{0}$

```
      1           1 2          1 2 9
   7)9 0 3      7)9 0 3      7)9 0 3
     7            7            7
     2           2 0          2 0
                 1 4          1 4
                   6            6 3
                               6 3
                                 0
```

곱셈식 $7 \times 129 = 903$

✛ 정답 ÷

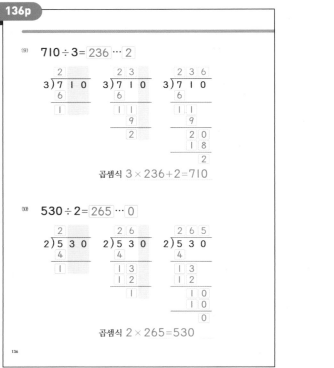

(9) $710 \div 3 = \boxed{236} \cdots \boxed{2}$

곱셈식 $3 \times 236 + 2 = 710$

(10) $530 \div 2 = \boxed{265} \cdots \boxed{0}$

곱셈식 $2 \times 265 = 530$

136

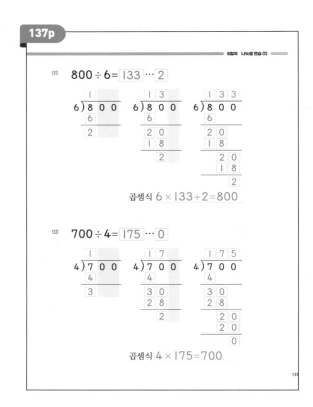

(11) $800 \div 6 = \boxed{133} \cdots \boxed{2}$

곱셈식 $6 \times 133 + 2 = 800$

(12) $700 \div 4 = \boxed{175} \cdots \boxed{0}$

곱셈식 $4 \times 175 = 700$

137

문제 3 │ 보기와 같이 나눗셈을 하시오.

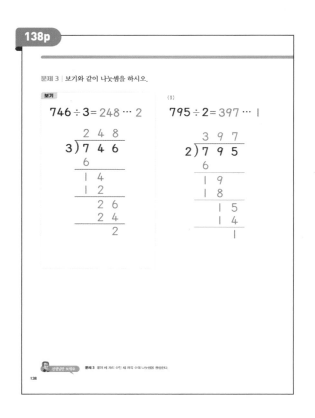

보기

$746 \div 3 = 248 \cdots 2$

(1) $795 \div 2 = 397 \cdots 1$

문제 3 종이 세 자리 수인 세 자리 수의 나눗셈을 완성한다.

138

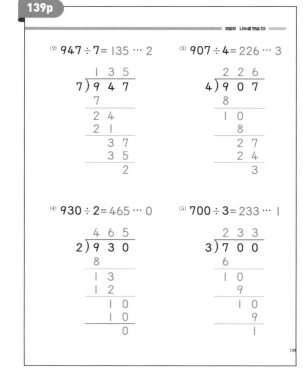

(2) $947 \div 7 = 135 \cdots 2$

(3) $907 \div 4 = 226 \cdots 3$

(4) $930 \div 2 = 465 \cdots 0$

(5) $700 \div 3 = 233 \cdots 1$

139

8일차 나눗셈 연습 (1)

(6) $845 \div 6 = 140 \cdots 5$

```
      1 4 0
  6 ) 8 4 5
      6
      2 4
      2 4
          5
          0
          5
```

(7) $910 \div 7 = 130 \cdots 0$

```
      1 3 0
  7 ) 9 1 0
      7
      2 1
      2 1
          0
```

(8) $600 \div 4 = 150 \cdots 0$

```
      1 5 0
  4 ) 6 0 0
      4
      2 0
      2 0
          0
```

(9) $800 \div 5 = 160 \cdots 0$

```
      1 6 0
  5 ) 8 0 0
      5
      3 0
      3 0
          0
```

140

9 일차 나눗셈 연습 (2)

✏ 공부한 날짜   월   일

문제 1 | 나눗셈을 하고 곱셈식으로 나타내시오.

(1) $819 \div 3 = 273 \cdots 0$

```
      2 7 3
  3 ) 8 1 9
      6
      2 1
      2 1
          9
          9
          0
```

곱셈식 $3 \times 273 = 819$

(2) $705 \div 2 = 352 \cdots 1$

```
      3 5 2
  2 ) 7 0 5
      6
      1 0
      1 0
          5
          4
          1
```

곱셈식 $2 \times 352 + 1 = 705$

문제 1 몫이 세 자리 수인 세 자리 수의 나눗셈이다.

141

(3) $900 \div 5 = 180 \cdots 0$

```
      1 8 0
  5 ) 9 0 0
      5
      4 0
      4 0
          0
```

곱셈식 $5 \times 180 = 900$

문제 2 | 보기와 같이 알맞은 수를 빈칸에 넣으시오.

보기

$471 \div 2 = 235 \cdots 1$

```
      2               2 3             2 3 5
  2 ) 4 7 1   →   2 ) 4 7 1   →   2 ) 4 7 1
      4               4               4
      0               7               7
                      6               6
                      1               1 1
                                      1 0
                                          1
```

문제 2 몫이 세 자리 수인 세 자리 수의 나눗셈이다. 백의 자리에 있던 나머지가 없으므로 계산 절차가 오히려 더 단순하다, 맨 처사를 복잡한 경우이다.

142

9일차 나눗셈 연습 (2)

(1) $683 \div 3 = \boxed{227} \cdots \boxed{2}$

```
      2 2                 2 2 7
  3 ) 6 8 3           3 ) 6 8 3
      6                   6
      8                   8
      6                   6
      2                   2 3
                          2 1
                              2
```

(2) $875 \div 2 = \boxed{437} \cdots \boxed{1}$

```
      4 3                 4 3 7
  2 ) 8 7 5           2 ) 8 7 5
      8                   8
      7                   7
      6                   6
      1                   1 5
                          1 4
                              1
```

143

193

➕ 정답 ➗

144p

(3) $791 \div 7 = \boxed{113} \cdots \boxed{0}$

```
    1 1            1 1 3
7 )7 9 1        7 )7 9 1
   7               7
   9               9
   7               7
   2               2 1
                   2 1
                     0
```

(4) $572 \div 5 = \boxed{114} \cdots \boxed{2}$

```
    1 1            1 1 4
5 )5 7 2        5 )5 7 2
   5               5
   7               7
   5               5
   2               2 2
                   2 0
                     2
```

145p

9일차 나눗셈 연습 (2)

(5) $896 \div 4 = \boxed{224} \cdots \boxed{0}$

```
    2 2            2 2 4
4 )8 9 6        4 )8 9 6
   8               8
   9               9
   8               8
   1               1 6
                   1 6
                     0
```

(6) $493 \div 2 = \boxed{246} \cdots \boxed{1}$

```
    2 4            2 4 6
2 )4 9 3        2 )4 9 3
   4               4
   9               9
   8               8
   1               1 3
                   1 2
                     1
```

146p

(7) $680 \div 6 = \boxed{113} \cdots \boxed{2}$

```
    1 1            1 1 3
6 )6 8 0        6 )6 8 0
   6               6
   8               8
   6               6
   2               2 0
                   1 8
                     2
```

(8) $630 \div 2 = \boxed{315} \cdots \boxed{0}$

```
    3 1            3 1 5
2 )6 3 0        2 )6 3 0
   6               6
   3               3
   2               2
   1               1 0
                   1 0
                     0
```

147p

9일차 나눗셈 연습 (2)

(9) $914 \div 3 = \boxed{304} \cdots \boxed{2}$

```
    3 0            3 0 4
3 )9 1 4        3 )9 1 4
   9               9
   1               1 4
                   1 2
                     2
```

(10) $756 \div 7 = \boxed{108} \cdots \boxed{0}$

```
    1 0            1 0 8
7 )7 5 6        7 )7 5 6
   7               7
   5               5 6
                   5 6
                     0
```

194

(11) 863 ÷ 8 = 107 … 7

```
    1 0              1 0 7
8 ) 8 6 3        8 ) 8 6 3
    8                8
    6                6 3
                     5 6
                       7
```

(12) 620 ÷ 3 = 206 … 2

```
    2 0              2 0 6
3 ) 6 2 0        3 ) 6 2 0
    6                6
      2              2 0
                     1 8
                       2
```

(13) 610 ÷ 2 = 305 … 0

```
    3 0              3 0 5
2 ) 6 1 0        2 ) 6 1 0
    6                6
      1              1 0
                     1 0
                       0
```

(14) 810 ÷ 4 = 202 … 2

```
    2 0              2 0 2
4 ) 8 1 0        4 ) 8 1 0
    8                8
      1              1 0
                       8
                       2
```

문제 3 | 보기와 같이 나눗셈을 하시오.

보기
```
647 ÷ 3 = 215 … 2
        2 1 5
    3 ) 6 4 7
        6
          4
          3
          1 7
          1 5
            2
```

(1) 568 ÷ 5 = 113 … 3
```
        1 1 3
    5 ) 5 6 8
        5
          6
          5
          1 8
          1 5
            3
```

(2) 891 ÷ 4 = 222 … 3
```
        2 2 2
    4 ) 8 9 1
        8
          9
          8
          1 1
            8
            3
```

(3) 985 ÷ 3 = 328 … 1
```
        3 2 8
    3 ) 9 8 5
        9
          8
          6
          2 5
          2 4
            1
```

문제 3 풀이 세 자리 수인 세 자리 수의 나눗셈을 완성한다.

(4) 870 ÷ 2 = 435 … 0
```
        4 3 5
    2 ) 8 7 0
        8
        7
        6
        1 0
        1 0
          0
```

(5) 790 ÷ 7 = 112 … 6
```
        1 1 2
    7 ) 7 9 0
        7
        9
        7
        2 0
        1 4
          6
```

(6) 940 ÷ 9 = 104 … 4
```
        1 0 4
    9 ) 9 4 0
        9
        4 0
        3 6
          4
```

(7) 630 ÷ 6 = 105 … 0
```
        1 0 5
    6 ) 6 3 0
        6
        3 0
        3 0
          0
```

9일차 나눗셈 연습 (2)

(8) $870 \div 8 = 108 \cdots 6$

$$
\begin{array}{r}
1\ 0\ 8 \\
8\overline{)8\ 7\ 0} \\
8 \\
\hline
7\ 0 \\
6\ 4 \\
\hline
6
\end{array}
$$

(9) $608 \div 2 = 304 \cdots 0$

$$
\begin{array}{r}
3\ 0\ 4 \\
2\overline{)6\ 0\ 8} \\
6 \\
\hline
8 \\
8 \\
\hline
0
\end{array}
$$

(10) $805 \div 4 = 201 \cdots 1$

$$
\begin{array}{r}
2\ 0\ 1 \\
4\overline{)8\ 0\ 5} \\
8 \\
\hline
5 \\
4 \\
\hline
1
\end{array}
$$

(11) $908 \div 9 = 100 \cdots 8$

$$
\begin{array}{r}
1\ 0\ 0 \\
9\overline{)9\ 0\ 8} \\
9\ 0\ 0 \\
\hline
8
\end{array}
$$

152

10일차 네 자리 수의 나눗셈

✏️ 공부한 날짜   월   일

문제 1 | 보기와 같이 나눗셈을 하고 곱셈식으로 나타내시오.

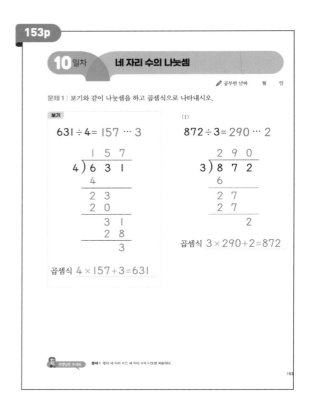

보기
$631 \div 4 = 157 \cdots 3$

$$
\begin{array}{r}
1\ 5\ 7 \\
4\overline{)6\ 3\ 1} \\
4 \\
\hline
2\ 3 \\
2\ 0 \\
\hline
3\ 1 \\
2\ 8 \\
\hline
3
\end{array}
$$

곱셈식 $4 \times 157 + 3 = 631$

(1)
$872 \div 3 = 290 \cdots 2$

$$
\begin{array}{r}
2\ 9\ 0 \\
3\overline{)8\ 7\ 2} \\
6 \\
\hline
2\ 7 \\
2\ 7 \\
\hline
2
\end{array}
$$

곱셈식 $3 \times 290 + 2 = 872$

선생님만 보세요   문제 1 풀이 세 자리 수인 세 자리 수의 나눗셈 복습이고

153

(2) $943 \div 7 = 134 \cdots 5$

$$
\begin{array}{r}
1\ 3\ 4 \\
7\overline{)9\ 4\ 3} \\
7 \\
\hline
2\ 4 \\
2\ 1 \\
\hline
3\ 3 \\
2\ 8 \\
\hline
5
\end{array}
$$

곱셈식 $7 \times 134 + 5 = 943$

(3) $738 \div 4 = 184 \cdots 2$

$$
\begin{array}{r}
1\ 8\ 4 \\
4\overline{)7\ 3\ 8} \\
4 \\
\hline
3\ 3 \\
3\ 2 \\
\hline
1\ 8 \\
1\ 6 \\
\hline
2
\end{array}
$$

곱셈식 $4 \times 184 + 2 = 738$

(4) $952 \div 5 = 190 \cdots 2$

$$
\begin{array}{r}
1\ 9\ 0 \\
5\overline{)9\ 5\ 2} \\
5 \\
\hline
4\ 5 \\
4\ 5 \\
\hline
2
\end{array}
$$

곱셈식 $5 \times 190 + 2 = 952$

(5) $519 \div 2 = 259 \cdots 1$

$$
\begin{array}{r}
2\ 5\ 9 \\
2\overline{)5\ 1\ 9} \\
4 \\
\hline
1\ 1 \\
1\ 0 \\
\hline
1\ 9 \\
1\ 8 \\
\hline
1
\end{array}
$$

곱셈식 $2 \times 259 + 1 = 519$

154

10일차 | 네 자리 수의 나눗셈

문제 2 | 보기와 같이 나눗셈을 하시오.

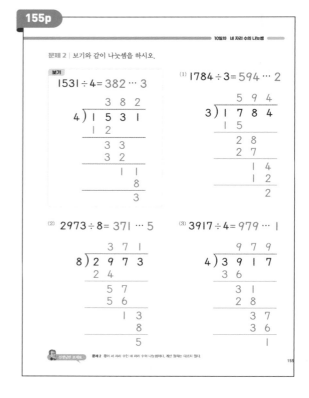

보기
$1531 \div 4 = 382 \cdots 3$

$$
\begin{array}{r}
3\ 8\ 2 \\
4\overline{)1\ 5\ 3\ 1} \\
1\ 2 \\
\hline
3\ 3 \\
3\ 2 \\
\hline
1\ 1 \\
8 \\
\hline
3
\end{array}
$$

(1) $1784 \div 3 = 594 \cdots 2$

$$
\begin{array}{r}
5\ 9\ 4 \\
3\overline{)1\ 7\ 8\ 4} \\
1\ 5 \\
\hline
2\ 8 \\
2\ 7 \\
\hline
1\ 4 \\
1\ 2 \\
\hline
2
\end{array}
$$

(2) $2973 \div 8 = 371 \cdots 5$

$$
\begin{array}{r}
3\ 7\ 1 \\
8\overline{)2\ 9\ 7\ 3} \\
2\ 4 \\
\hline
5\ 7 \\
5\ 6 \\
\hline
1\ 3 \\
8 \\
\hline
5
\end{array}
$$

(3) $3917 \div 4 = 979 \cdots 1$

$$
\begin{array}{r}
9\ 7\ 9 \\
4\overline{)3\ 9\ 1\ 7} \\
3\ 6 \\
\hline
3\ 1 \\
2\ 8 \\
\hline
3\ 7 \\
3\ 6 \\
\hline
1
\end{array}
$$

선생님만 보세요   문제 2 풀이 네 자리 수인 네 자리 수의 나눗셈이다. 계산 절차는 다르지 않다.

155

156p

(4) 1572÷6=262 … 0

```
      2 6 2
6 ) 1 5 7 2
    1 2
      3 7
      3 6
        1 2
        1 2
          0
```

(5) 4263÷5=852 … 3

```
      8 5 2
5 ) 4 2 6 3
    4 0
      2 6
      2 5
        1 3
        1 0
          3
```

(6) 6405÷7=915 … 0

```
      9 1 5
7 ) 6 4 0 5
    6 3
      1 0
        7
        3 5
        3 5
          0
```

(7) 2309÷3=769 … 2

```
      7 6 9
3 ) 2 3 0 9
    2 1
      2 0
      1 8
        2 9
        2 7
          2
```

156

157p

(8) 5086÷9=565 … 1

```
      5 6 5
9 ) 5 0 8 6
    4 5
      5 8
      5 4
        4 6
        4 5
          1
```

(9) 1035÷2=517 … 1

```
      5 1 7
2 ) 1 0 3 5
    1 0
        3
        2
        1 5
        1 4
          1
```

(10) 7002÷8=875 … 2

```
      8 7 5
8 ) 7 0 0 2
    6 4
      6 0
      5 6
        4 2
        4 0
          2
```

(11) 3000÷4=750 … 0

```
      7 5 0
4 ) 3 0 0 0
    2 8
      2 0
      2 0
        0
```

157

158p

문제 3 | 보기와 같이 나눗셈을 하시오.

보기

5742÷4=1435 … 2

```
      1 4 3 5
4 ) 5 7 4 2
    4
    1 7
    1 6
      1 4
      1 2
        2 2
        2 0
          2
```

(1) 7619÷3=2539 … 2

```
      2 5 3 9
3 ) 7 6 1 9
    6
    1 6
    1 5
      1 1
        9
        2 9
        2 7
          2
```

선생님과 보세요. 문제 3 평이 네 자리 수인 네 자리 수의 나눗셈이지. 계산 절차는 다르지 않나.

159p

(2) 9876÷8=1234 … 4

```
      1 2 3 4
8 ) 9 8 7 6
    8
    1 8
    1 6
      2 7
      2 4
        3 6
        3 2
          4
```

(3) 9435÷4=2358 … 3

```
      2 3 5 8
4 ) 9 4 3 5
    8
    1 4
    1 2
      2 3
      2 0
        3 5
        3 2
          3
```

159

197

＋ 정답 ÷

(4)
$6394 \div 2 = 3197 \cdots 0$

```
      3 1 9 7
   2) 6 3 9 4
      6
      ─────
        3
        2
      ─────
        1 9
        1 8
      ─────
          1 4
          1 4
      ─────
            0
```

(5)
$5723 \div 5 = 1144 \cdots 3$

```
      1 1 4 4
   5) 5 7 2 3
      5
      ─────
        7
        5
      ─────
        2 2
        2 0
      ─────
          2 3
          2 0
      ─────
            3
```

(6)
$7054 \div 6 = 1175 \cdots 4$

```
      1 1 7 5
   6) 7 0 5 4
      6
      ─────
      1 0
        6
      ─────
        4 5
        4 2
      ─────
          3 4
          3 0
      ─────
            4
```

(7)
$7405 \div 7 = 1057 \cdots 6$

```
      1 0 5 7
   7) 7 4 0 5
      7
      ─────
        4 0
        3 5
      ─────
          5 5
          4 9
      ─────
            6
```

(8)
$6802 \div 3 = 2267 \cdots 1$

```
      2 2 6 7
   3) 6 8 0 2
      6
      ─────
        8
        6
      ─────
        2 0
        1 8
      ─────
          2 2
          2 1
      ─────
            1
```

(9)
$8037 \div 2 = 4018 \cdots 1$

```
      4 0 1 8
   2) 8 0 3 7
      8
      ─────
        3
        2
      ─────
        1 7
        1 6
      ─────
            1
```

(10)
$9005 \div 5 = 1801 \cdots 0$

```
      1 8 0 1
   5) 9 0 0 5
      5
      ─────
      4 0
      4 0
      ─────
          5
          5
      ─────
          0
```

(11)
$9000 \div 7 = 1285 \cdots 5$

```
      1 2 8 5
   7) 9 0 0 0
      7
      ─────
      2 0
      1 4
      ─────
        6 0
        5 6
      ─────
          4 0
          3 5
      ─────
            5
```

무엇이든
물어보세요!

박영훈 선생님께 질문이 있다면 메일을 보내주세요.
slowmathpark@gmail.com

박영훈의 느린수학 시리즈 출간 소식이 궁금하다면,
*slowmathpark@gmail.com*로
이름/연락처를 보내주세요.

연락처를 보내주신 분들은 문자 또는 SNS,
이메일을 통한 소식받기에 동의한 것으로 간주하며,
<박영훈의 느린 수학>의 새로운 소식을 보내드립니다!